KB063002

기후변화 ABC

기후변화 ABC

인포그래픽으로 보는 기후 위기의 모든 것

초판 1쇄 펴낸날 2021년 6월 18일
초판 3쇄 펴낸날 2022년 12월 15일

지은이 다비드 넬스·크리스티안 제러
옮긴이 강영옥
감수 남성현
펴낸이 이건복
펴낸곳 동녘사이언스

책임편집 김혜윤 구형민
편집 정경윤 김다정 이지원 홍주은
마케팅 임세현
관리 서숙희 이주원

등록 제406-2004-000024호 2004년 10월 21일
주소 (10881) 경기도 파주시 회동길 77-26
전화 영업 031-955-3000 편집 031-955-3005 **전송** 031-955-3009
블로그 www.dongnyok.com **전자우편** editor@dongnyok.com
페이스북·인스타그램 @dongnyokpub
인쇄 새한문화사 **라미네이팅** 북웨어 **종이** 한서지업사

ISBN 978-89-90247-79-7 (03450)

• 잘못 만들어진 책은 바꿔드립니다.
• 책값은 뒤표지에 쓰여 있습니다.

기후변화
ABC

다비드 넬스·크리스티안 제러 지음
남성현(서울대학교 교수) 감수
강영옥 옮김

Small Gases, Big Effect — This is Climate Change

인포그래픽으로 보는 기후 위기의 모든 것

동녘사이언스

기후변화를 우리는 얼마나 알고 있을까?

자연재해 피해 규모가 인재를 넘어선 지 오래되었고, 자연재해로 인한 보험금 지급액 규모는 나날이 늘어가면서 감당하기 어려운 수준에 도달하고 있다. 이런 오늘의 현실에서 이 책은 지구과학이나 환경 관련 전공 지식이 전혀 없는 독자들이 기후변화, 기후 위기, 아니 기후 비상에 처한 오늘의 지구환경에 대해 쉽게 이해할 수 있는 지침서다. 오늘의 심각한 지구환경 위기는 눈부신 경제성장을 가져온 산업 활동 과정에서 경쟁적으로 지구환경의 심각한 파괴를 일삼아온 우리에게 어쩌면 당연한 귀결이다. 기후변화로 인한 각종 자연재해 특성의 변화는 인류의 자연재해 대비도(preparedness) 향상 속도보다 훨씬 빠르며, 이대로라면 머지않은 장래에 인류는 공멸을 피하기가 어려운 상황이다.

이 책은 기후변화의 원인에서부터 해양과 빙권을 포함한 지구환경 전반의 변화, 이상기후와 생태계, 인간에 이르는 광범위한 영향에 대해 정확하고 간단명료한 메시지를 던진다. 자연적인 기후변동성의 범위를 훨씬 초과해 오랜 지구 역사에서 전례를 볼 수 없는 빠른 속도로 변화하고 있는 오늘의 기후는 인간에 의해 인위

추천의 말

적으로 만들어진 것임이 분명하고, 결국 이를 해결할 열쇠도, 그 책임도 모두 우리에게 있음을 과학적 근거를 통해 다시금 일깨운다.

누구는 이런 지구를 버리고 떠나라고 했고, 누구는 화성 이주를 꿈꾸며 도전 중이지만 아직 우리에게는 지구를 버리고 떠날 능력이 없다. 그런데 능력보다도 더더욱 그럴 자격이 없다. 과연 인류는 전례 없는 자유를 누리며 20세기 내내 인위적 기후변화를 심화시킨 주체에서, 그 자유의 대가를 치르고 책임을 다하며 기후변화에 적응한 21세기로 탈바꿈하는 주체로 변신할 수 있을 것인가? 결국 유일한 대안은 행동을 바꾸는 것뿐이다. 20년이나 지났지만 마치 진정한 20세기가 1901년을 한참 지나 두 차례의 세계 대전과 냉전을 거치며 시작된 것처럼 진정한 21세기는 코로나19 바이러스와 함께 이제야 시작되었다고 볼 수 있다. 곳곳에서 기후 비상 선언이 잇따르고 그동안 기후변화 문제에 소극적으로 대처해오던 국제 사회의 분위기도 180도 전환되더니 이제는 앞다투어 탄소 중립을 선언하고 그 빠른 이행을 고민 중이다. 선언보다 중요한 것은 행동이다. 기후변화에 대한 경각심을 가지고 지속 가능한 지구환경을 만들어가는 대전환은 이미 시작되었다.

기후변화에 관한 현재까지의 수많은 과학적 발견이 간결한 설명과 함축적인 그림에 고스란히 녹아있는 책, 코로나를 넘어 심각한 기후 비상에 이른 오늘의 지구환경 속에서 인간과 지구가 공존하기 위한 해법을 고민하는 모든 사람들에게 필독서로 추천하고 싶은 책이다! 이 책을 여는 순간 당신은 진정한 21세기 포스트코로나 시대를 마주하게 될 것이다.

남성현(서울대학교 지구환경과학부 교수)

추천의 말

알파벳 ABC를 배우듯 기후변화를 공부하자

현재 기후변화에 대한 공적 논의가 일반인들에게 잘못된 지식을 전달하고 엉뚱한 결론으로 이어지고 있다. 학문적으로 검증된 주장과 잘못된 정보를 구분하지 못하는 일이 심심찮게 발생한다. 기후변화의 정확한 원인은 무엇이고 인간은 지구의 변화에 얼마나 많은 영향을 끼칠까? 태풍과 홍수의 발생빈도 증가는 기후변화가 농사와 인간의 건강에 미칠 영향을 우려할 수밖에 없는 상황임을 알려주는 게 아닐까?

세계 최대 재보험사(再保險社)인 뮤닉 리(Munich Re)는 지난 50년간 기후변화의 위기를 현장에서 체험해왔다. 자연재해로 발생한 손실에 대해 뮤닉 리에서 지급한 보험금 규모가 수십 억 유로(수조 원)에 달하는 경우도 적지 않았다. 이런 상황인 만큼 우리는 지구온난화가 어떤 영향을 끼칠지 더 정확하게 알아야 한다.

이 책은 두 학생의 패기와 100명이 넘는 학자들의 아낌없는 지원 덕분에 탄생했다. 이 책을 통해 현재 기후변화에 대한 우리의 지식수준이 어느 정도인지 알 수 있을 것이다. 또한 중요한 지식, 간결한 설명, 생생한 일러스트의 환상적 조합은 짧은 시간에 기후변화와 그 영향을 이해하도록 돕는다. 책 속 모든 내용은 우리 모두에게 중요하고 이해하기 쉬운 것들로만 구성했으며 철저한 검증을 거쳤다.

에른스트 라우호(뮤닉 리 수석·지구과학자)

페터 회페(뮤닉 리 게오리지코연구소장)

일러두기

1. 본문에서 대괄호에 넣은 숫자(예: [1])는 인포그래픽에서
   해당 숫자가 표기된 부분과 관련한 설명이다.
2. 원주는 *로, 옮긴이 주는 *로 표시했다.
3. 본문의 주와 참고문헌은 이 책의 웹사이트
   (https://www.klimawandel-buch.de/literaturverzeichnis)
   에서 확인할 수 있다.

스마트폰을 활용해 오른쪽의 QR코드로도
접속이 가능하다. 웹사이트가 원문으로 되어 있어
차례 원문 대조표를 책의 말미에 수록했다.

4. 기상 관련 용어는 한국기상학회(http://www.komes.or.kr)
   에서 제공하는 〈네이버 기상학백과〉를
   최우선 기준으로 했다.

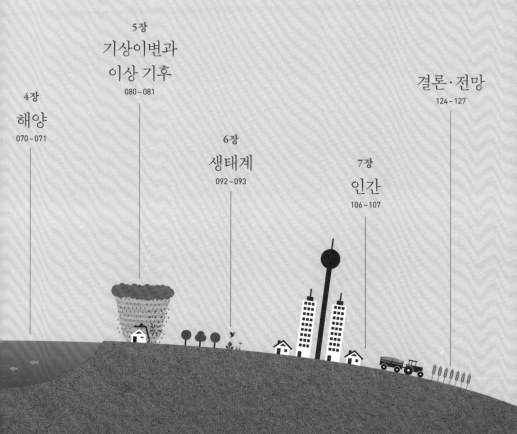

1장

지구의 기후

기후는 오랜 기간의 날씨를 통계로 표현한 것이다. 세계기상기구(World Meteorological Organization, WMO : 기상과 관련된 국제 활동을 관장하는 유엔전문기구)에 따르면 여기에서의 '기간'은 흔히 30년을 말한다.[1] 날씨는 끊임없이 변화한다. 이와 달리 기후는 아주 느리게 변한다. 하루 동안 기온이 5℃ 떨어졌다는 말과 5℃만큼 추운 기후가 되었다는 말은 전혀 다른 의미다. 가장 최근에 발생한 기후변화는 마지막 최대 빙하기다. 당시 북유럽과 북아메리카 지역은 두꺼운 빙하로 뒤덮여 있었다.[2]

지구의 기후

자연 발생적
온실효과

햇빛의 대부분은 지구 대기를 통과해 지표면에
도달한다.[1] 토양은 이 빛을 흡수해 열복사* 형태
로 다시 방출한다.[2][1] 지구 대기 중에 수증기
(H_2O), 이산화탄소(CO_2), 오존(O_3), 아산화질소
(N_2O), 메탄(CH_4) 등의 가스가 없으면 복사 열에
너지는 곧바로 우주에 흩어져버린다.[3][2] 이 경우
지구의 기후는 약 33°C만큼 더 추워지고 지구는
완전히 얼어붙을 것이다.[3,4]

위의 가스들은 지구 대기 중에 있던 복사 열에너
지가 우주에 바로 방출되지 않도록 막아준다.[5] 이
가스들은 복사 열에너지의 대부분을 흡수했다가
다시 사방에 그리고 지표면 방향에 방출한다.[4][6]
이렇게 해서 그 아래 대기층과 토양은 다시 한 번
덥혀진다.[6] 이처럼 자연 상태에서 발생하는 온난
화현상을 자연 발생적 온실효과라고 표현하며,[2]
이 현상과 관련이 있는 가스들을 '온실가스'라고
한다. 온실가스는 지구의 기온을 평균 +14°C로
유지하는 역할을 한다.[7]

* 물체의 표면에서 열에너지가 전자기파로
  방출되는 현상.

지구의 기후

자연 발생적 온실가스

지구의 맑은 하늘(구름 없는) 공기는 주로 질소와 산소로 구성된다.[1] [1] 반면 자연 발생적 온실가스의 농도는 아주 낮다. 즉 이산화탄소(CO_2), 오존(O_3), 아산화질소(N_2O), 메탄(CH_4)이 지구 대기에서 차지하는 비중은 고작 0.04%밖에 되지 않는다. [2] 반면 수증기(H_2O)의 비중은 평균 0.25%다.[3]

자연 발생적 온실가스는 지구 대기에서 차지하는 비중이 매우 적지만 기후에 중대한 영향을 끼친다. 온실가스는 산소나 질소와 달리 복사 열에너지를 흡수할 수 있고 복사 열에너지가 지구에서 우주 공간으로 바로 방출되지 않도록 막는 역할을 한다(10페이지 참조).[4] 온실가스가 없으면 지구의 평균기온은 33℃ 정도 더 추워진다.[2] 이는 현재의 지구에서는 절대 경험할 수 없는 기후다.[5, 6]

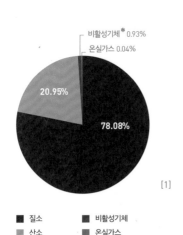

비활성기체* 0.93%
온실가스 0.04%

20.95%

78.08%

[1]

■ 질소　　■ 비활성기체
■ 산소　　■ 온실가스

지구 대기 중 건조한 기체 성분[1]

* 주기율표 18족에 해당하는 원소들을 부르는 이름으로 귀족 기체(noble gas)라고도 한다.

산업화 이전 지구의 평균기온은 약 +14°C였음[7]

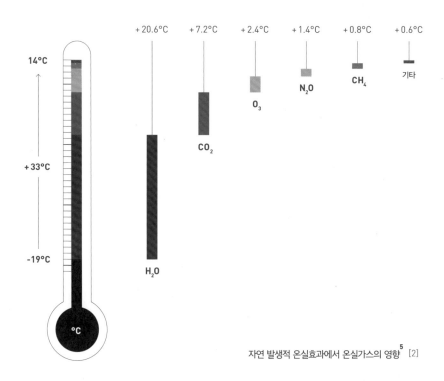

자연 발생적 온실효과에서 온실가스의 영향[5] [2]

지구의 기후
화산과 태양

화산 폭발은 지구의 기후를 따뜻하게 할 뿐만
아니라 추워지게도 한다. 화산활동을 통해
배출되는 이산화탄소(CO_2)는 온실효과(12페
이지 참조)를 증대시키고 적게는 수백 년에서
많게는 수백만 년까지 기후에 영향을 끼칠 수
있다.[1][1,2] 화산이 폭발할 때 상층 대기에 가
스가 배출되는데, 이 가스들은 에어로졸을
형성하고, 에어로졸은 태양복사에너지의 일
부를 우주에 퍼뜨린다(30페이지 참조).[2][3] 화산
폭발 후 꽤 오랜 기간 지구의 평균기온이 낮
아지는 것도 이 때문이다.[2,4]

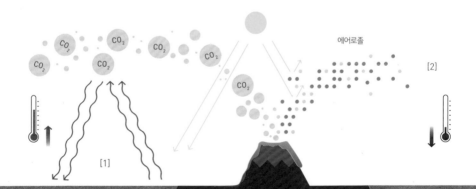

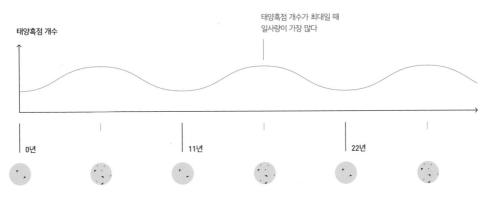

11년 주기로 변하는 태양흑점 개수 그래프

태양복사에너지는 지구에서 생명체가 생존하기 위해 반드시 필요한 조건이며 과거의 자연적 기후변동성과 연관된다.[1,2] 태양활동(태양복사에너지의 강도)을 측정하는 기준은 흑점이라고 불리는 태양 표면의 거뭇거뭇한 부분들이다.[2,3] 흑점의 개수는 11년 주기로 바뀐다. 이것을 태양흑점주기라고 한다.[4,5] 태양흑점 개수의 증감 주기로 태양복사 열에너지가 변화하기 때문에 지구의 자연적 기후변동성이 나타난다.[6] 태양흑점주기 중에는 태양활동이 잠잠해지거나 활발해지면서 전 세계와 지역 기후에 영향을 끼친다.[7~10]

지구의 기후
구름

구름은 햇빛을 분산해 지표면에 입사(入射)되는 일사량을 감소시켜 지표면이 너무 뜨겁게 달궈지지 않게 한다. 또한 구름은 지표면의 복사 열에너지를 흡수해 이를 사방으로 방출한다. 이러한 에너지의 일부는 지구 시스템(Earth system)*에 보존된다.

상층부에 있는 권운(cirrus)**은 매우 얇고, 아주 적은 양의 태양복사 열에너지를 차단한다.[1] 게다가 권운은 원래 차갑기 때문에 우주 공간으로 방출시키는 열도 극소량에 불과하다.[2] 두께가 얇은

권운은 일반적으로 지구를 따뜻하게 유지해준다. 반면 하층부에 있는 두꺼운 구름들은 지구에 도달하는 태양복사에너지를 다시 우주에 분산해 지구의 평균기온을 떨어뜨린다.[3] 뿐만 아니라 이런 구름들은 지표면만큼 따뜻하기 때문에 지표면처럼 많은 복사 열에너지를 우주에 방출한다.[4] [1,2]

→
지구의 현재 상태에서는 구름의 냉각효과가 더 크다.[3]

* 지구 시스템은 크게 기권, 지권, 수권, 생물권, 외권으로 구성되어 있다. 이들은 서로 영향을 주며 상호작용을 하는데, 이 과정에서 물질순환과 에너지의 교환이 일어나기도 한다.

** 상층운으로 약 5~13km 높이에 존재하며 털구름 혹은 새털구름이라고도 한다.

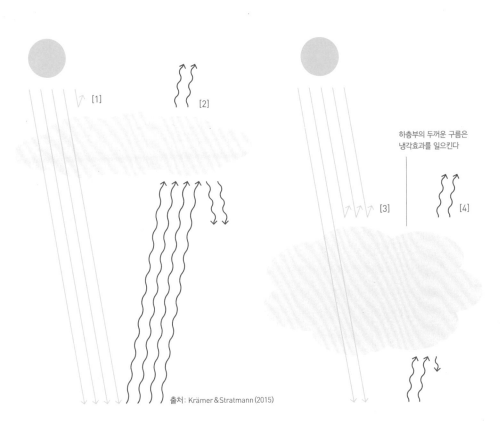

[1]

[2]

[3]

[4]

하층부의 두꺼운 구름은
냉각효과를 일으킨다

출처: Krämer & Stratmann (2015)

지구의 기후

해양 컨베이어 벨트

해양 컨베이어 벨트는 마치 제조 공장 생산 라인의 컨베이어 벨트를 따라 물건들이 이동하는 것처럼 바닷물이 해류를 따라 5대양을 이동하며 순환하는 것을 모식적으로 표현한 것이다.[1,2] 해양 컨베이어 벨트는 해상에 부는 바람(해상풍)이 해표면에 응력을 전달하고, (예를 들어 밀물과 썰물로 인해) 많은 양의 바닷물이 섞이고, (온도와 염분 차이로 인해) 바닷물 밀도에 차이가 발생함으로써 형성된다.[3] 해양 컨베이어 벨트는 따뜻한 바닷물을 대량으로 이동시키면서 기후에 많은 영향을 끼친다.[4,5] 예를 들어 해양 컨베이어 벨트에서 대서양 해역 해류가 완전히 멈춰 있을 경우,[1] 북반구의 대기 온도는 평균 1~2℃, 북대서양 북부 고위도 해역에서는 최대 8℃까지 떨어질 수 있다.[6]

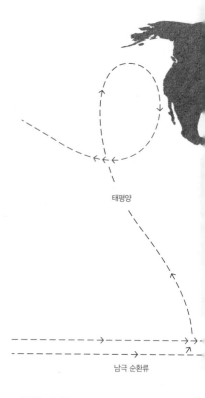

태평양

남극 순환류

— 따뜻한 표층해류
— 차가운 심층해류

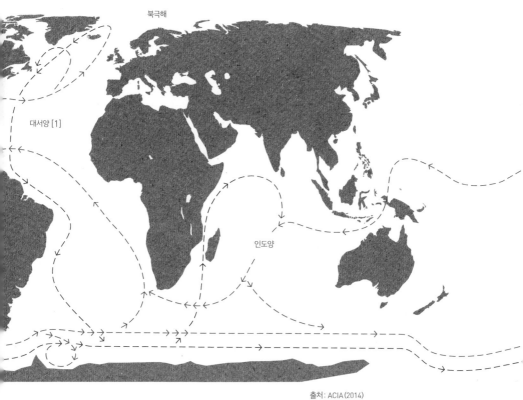

북극해

대서양 [1]

인도양

출처: ACIA(2014)

지구의 기후

기후의 역사

지구의 역사가 시작된 이래 기후는 끊임없이 변해왔다. 물론 기상이변현상도 반복적으로 나타났다. 지금으로부터 약 7억 년 전에는 일사량이 줄어들고 이산화탄소(CO_2) 농도가 감소하면서 스타티안 빙하기(Sturtian glaciation)가 시작되었다.[1] 아이스-알베도 되먹임 효과(Ice-albedo feedback, 56페이지 참조)*가 심해지면서 지표면이 얼어붙었기 때문에 이 시기를 '눈덩이지구(snowball earth)'**라고 한다.[1]

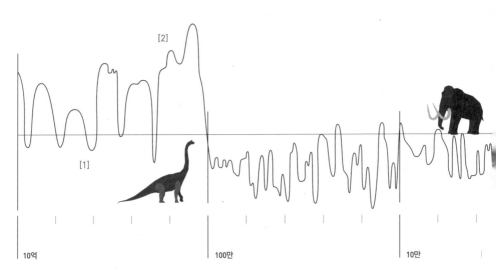

북반구의 지표면 근처 평균 기온을 나타낸 그래프

지금으로부터 약 2억 5,000만 년 전 대기 중으로 대량의 이산화탄소와 메탄(CH4)이 배출되었다.[2][2] 그 결과 온실효과가 증대되면서 지구의 기온이 상승했다. 한편 바다는 대기 중으로 배출된 CO_2의 일부를 흡수하면서 산성화되었다.(70페이지 참조)[3, 4, 5] 이로 인해 당시 지구에 살고 있던 생물의 약 90퍼센트가 멸종되었다.[6]

근대사회가 발달할 수 있었던 것은 지난 1만 1,500년 동안 지구의 기후가 비교적 안정적이었기 때문이다.[3][7]

* 표면이나 물체에 입사된 일사에 대한 반사된 일사의 비율을 알 베도라고 한다. 이 알베도에 영향을 주어, 기후변화에 다시금 영향을 주는 식의 되먹임 효과를 말한다.

** 과거 6~8억 년 전 선캄브리아 시대가 끝나갈 즈음 지구 전체가 눈과 얼음으로 완전히 얼어붙는 극심한 빙하 시기가 수차례 발생했다고 보는 가설.

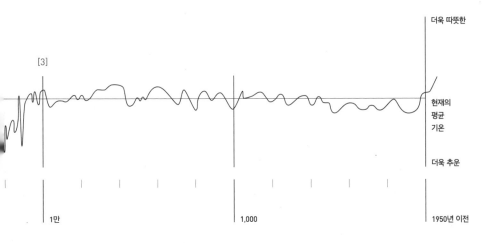

그래프 관련 참고 사항: 선으로 구역을 나누어 각 시대를 표시했다.

출처: *Schönwiese* (2013)

2장

기후변화의 원인

지난 150년 동안 지구의 평균 기온이 상승했다.[1] 이러한 기후변화 원인으로 인간
활동 외에도 태양과 그 밖의 자연적 요인들을 꼽는다.

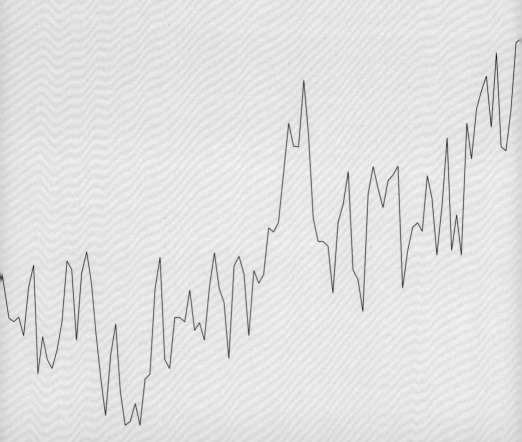

기후변화의 원인

지구온난화

북반구의 지표면 근처 평균 기온은 산업화가 시작되기 1,000년 전까지 상대적으로
안정적이었다.[1] 지구온난화와 (인위적) 기후변화라고 일컫는 전 지구적인 평균기온
상승은 19세기 후반부터 본격적으로 나타났다. 기온을 기록하기 시작한
1880~2016년 전 세계의 지표면 근처 평균 기온은 1℃ 이상 상승했다.[2]

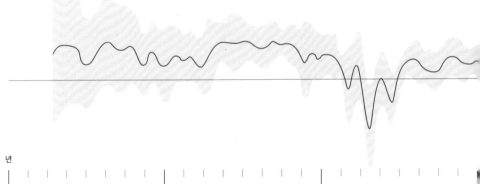

년

800　　　　1000　　　　1200

— 850~2000년 북반구의 기온 변동 추이를 나타낸 그래프[1]
   1500~1950년 기간의 평균기온을 기준으로 한 편차로 표현함

■ 불확실한 영역

… 2000년 이후 북반구에서 측정한 기온 변동 추이

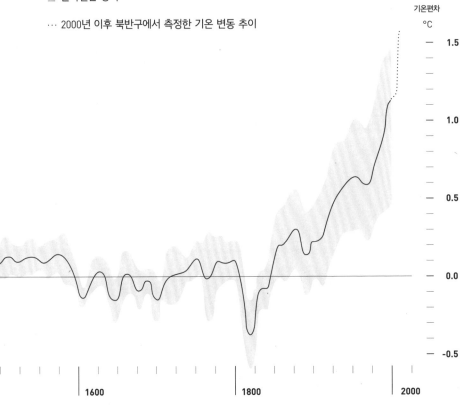

기온편차
°C

— 1.5

— 1.0

— 0.5

— 0.0

— -0.5

1600   1800   2000

출처: *IPCC AR5*, WG I (2013)

기후변화의 원인

얇아지는
오존층

성층권에 있는 오존층은 태양복사 열에 너지의 일부를 흡수하고[1] 동물, 식물, 인간을 유해한 UV-C 광선이나 UV-B 광선으로부터 보호하는 역할을 담당한다.[1,2] 지난 60년 동안 오존층은 점점 얇아졌고 심지어 남극의 오존층은 50% 이상 감소했다.[3] 이를 오존층파괴현상이라고 한다.[4] 이런 현상을 일으킨 주범은 인간이 만든 염화불화탄소(Chlorofluorocarbon,

CFCs)였다.[5] 염화불화탄소는 자연 상태의 대기에는 존재하지 않는 물질로, 주로 냉장고나 에어컨의 냉매제로 사용되며 온실가스와 같은 역할을 한다.[6,7] 1987년에는 염화불화탄소를 비롯한 오존층파괴물질 배출량 감축을 목표로 하는 몬트리올의정서를 결의했다.[8] 이 협약의 목표는 1990년부터 오존층파괴물질 배출량을 감축시켜 20세기 중에 오존층을 회복하

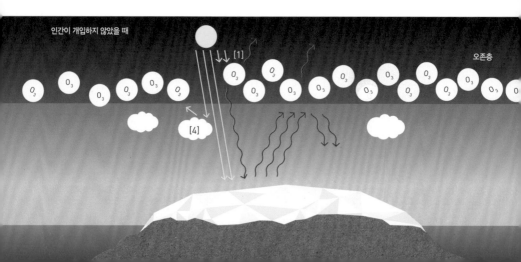

는 것이었다.[9] 오존층이 얇아지면 지표면에 더 많은 태양복사에너지가 도달하지만[2] 온실효과는 오히려 약해진다.[3] 이때 아주 약간의 냉각 효과가 일어나기 때문이다.[10] 이제 구름 형성 약화나[4] 대기 순환의 변화[10,11] 같은 염화불화탄소의 냉각 효과나 오존층의 되먹임 효과도 지켜보아야 한다.

→
되먹임 효과는 매우 복잡해서 전반적으로 가볍게 온도를 상승시킬지, 하강시킬지가 확실하지 않다.[9]

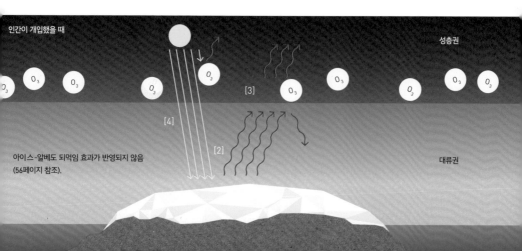

인간이 개입했을 때

성층권

O_3 O_3 O_3 O_3 O_3 O_3 O_3 O_3 O_3

[3]

[4]

[2]

아이스-알베도 되먹임 효과가 반영되지 않음
(56페이지 참조).

대류권

기후변화의 원인
에어로졸

에어로졸은 (대개 공기 중에) 기체 형태로 존재하는 부유물질(=입자)이다.[1] 에어로졸은 입자 형태로 직접 방출되거나(1차 에어로졸), 대기 중에서 기체로 변형된 상태(2차 에어로졸)로 생성된다.[2] 에어로졸의 크기는 나노미터에서 수십 마이크로미터에 이르며 사람의 머리카락 지름보다 10만 배 정도 작다.[2,3] 자연 상태의 에어로졸은 바다의 염분과 사막의 먼지가 뒤범벅되어 생성되고, 화산이 폭발할 때 식생의 생물입자(예를 들어 포자)를 통해서도 방출된다.[1][4~7] 현재 지구에 존재하는 에어로졸은 대부분 화전(火田), 산업화 프로세스, 교통 등 인간의 활동으로 인해 생긴 것이다.[2][8~11]

에어로졸은 햇빛을 분산시켜 지표면에 에너지가 적게 도달하게 하고 지구가 덜 뜨거워지게 함으로써 기후에 영향을 끼친다.[3] 에어로졸은 (예를 들어 그을음) 태양에너지를 흡수하고 기온을 따뜻하게 유지한다.[4] 또한 에어로졸은 구름 형성에 영향을 주며 구름의 반사율에 변화를 일으킨다.[5][8]

→
인간이 만든 에어로졸은 대기를 오염시키기도 하지만, 아이러니하게도 기후를 냉각시키는 효과가 있어 지구온난화를 약화시킨다.[12,13]

[1]

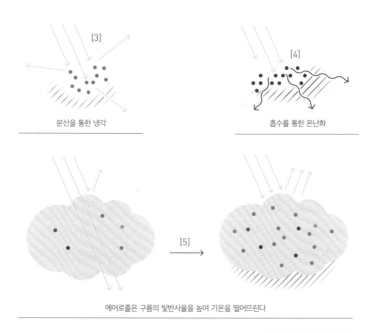

분산을 통한 냉각

흡수를 통한 온난화

[5]

에어로졸은 구름의 빛반사율을 높여 기온을 떨어뜨린다

출처: *IPCC AR5*, WG I (2013)

기후변화의 원인
태양활동

오른쪽 그래프[1]의 태양흑점주기를 살펴보면 태
양활동(일사 강도)이 1880~2016년 전 세계 평균
기온[2] 상승의 주된 요인이 아님을 알 수 있다.
태양활동과 전 세계 평균기온 상승현상 사이에
는 직접적 상관관계가 성립하지 않는다.[1,2] 태양
활동은 1905~2005년 지구 기온 상승의 원인 가
운데 약 10%를 차지하는 것으로 추측된다.[3] 즉
태양활동이 지구온난화에 끼친 영향은 비교적
적은 편이다.[4] 1980년대 이후 태양활동은 감소한
반면, 전 세계의 지표면 근처 평균 기온은 꾸준히
증가하는 추세다.[3,5]

→
**산업화 초기부터 태양활동에서 나타난 변화는
지구의 기온상승현상과 큰 관련이 없다.**

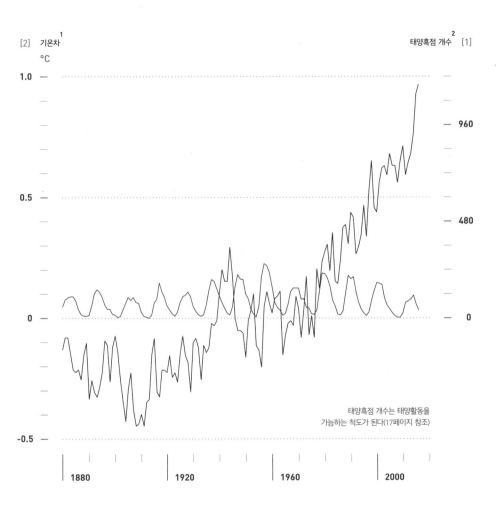

[2] 기온차¹

°C

태양흑점 개수² [1]

1.0

0.5

0

-0.5

960

480

0

태양흑점 개수는 태양활동을
가늠하는 척도가 된다(17페이지 참조)

1880   1920   1960   2000

기후변화의 원인

인간이 만든
온실효과

산업화 초기부터 전 세계의 평균 기온[1] 외에도 이산화탄소(CO_2)[2]를 비롯해 대기 중에 존재하는 여타 온실가스의 농도 역시 상승했다.[1~12] 원인은 화석연료 연소 같은 인간의 활동에서 찾을 수 있다.[13] 인간이 배출한 가스를 '인간이 만든 온실가스'라고 한다(40페이지 참조). 자연 발생적 온실가스는 지구의 복사 열에너지가 우주에 바로 방출되는 것을 막는 역할을 하기 때문이다(12페이지 참조).[14,15] 인간이 만든 온실효과로 인해 지표면에 도달하는 복사 열에너지가 더욱 많고 이에 따라 지난 150년 동안 지표면 근처 기온은 꾸준히 상승했다.[16,17]

→

따라서 산업화 이후 지구의 기온상승현상을 '인간이 만든 기후변화'라고 한다.[18]

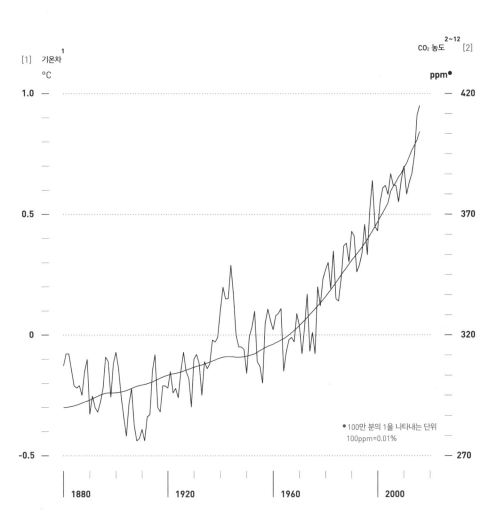

[1] 기온차 1
°C

CO₂ 농도 2~12 [2]
CO_2 농도

ppm●

1.0 — 　　　　　　　　　　　　　　　　　　— 420

0.5 — 　　　　　　　　　　　　　　　　　　— 370

0 — 　　　　　　　　　　　　　　　　　　— 320

●100만 분의 1을 나타내는 단위
100ppm=0.01%

-0.5 — 　　　　　　　　　　　　　　　　　　— 270

1880　　　　1920　　　　1960　　　　2000

기후변화의 원인

기온과
온실효과

빙하코어(얼음 기둥) 시추는
수만 년 전 기후를 재구성하게 해준다.[1]
여기에 필요한 빙하코어는
빙상(氷床)을 뚫어서 얻는다.[2] 빙하코어는
다양한 층으로 구성되어 있는데,
각 층에 있는 기체와 고체를 통해
과거의 기온, 온실가스 농도,
화산 폭발에 관한 사실 등을
추측할 수 있다.[3, 4]

오른쪽 그래프는 지난 80만 년 동안 빙하기와 온난기가 교대로 나타났다는 사실을 알려준다.[1] 자연 발생적 기후변화에는 여러 가지 원인(이를테면 지구 자전 궤도나 자전축의 변화 등)이 있으며, 이를 통해 기온과 이산화탄소(CO_2) 및 메탄(CH_4) 등의 온실가스의 상관관계를 쉽게 파악할 수 있다.[2][5-8] 최근의 연구 결과는 기후변화와 온실가스 농도 변화가 지난 2만 년간 거의 동시에 나타났고 서로 영향을 끼쳤다는 사실을 입증한다.[9, 10] 현재의 온실가스 농도는 지난 80만 년 동안 나타났던 수치보다 훨씬 높다는 사실도 밝혀졌다.[3][11, 12]

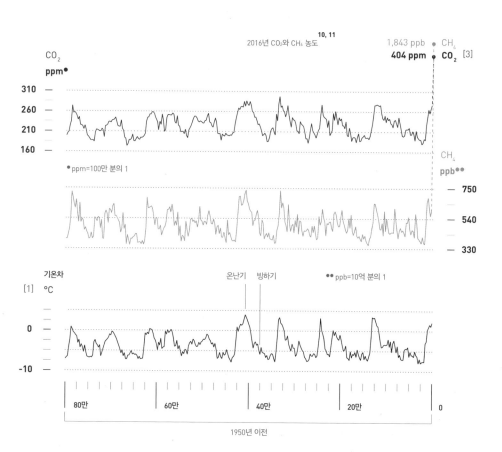

2016년 CO₂와 CH₄ 농도 **10, 11**

1,843 ppb ● CH₄
404 ppm ● **CO₂** [3]

CO₂
ppm●

310 —
260 —
210 —
160 —

● ppm=100만 분의 1

CH₄
ppb●●

— 750
— 540
— 330

기온차
[1] °C

온난기   빙하기   ●● ppb=10억 분의 1

0 —

-10 —

80만   60만   40만   20만   0

1950년 이전

5, 6, 7
[2] 지난 80만 년 동안 남극의 기온과 온실가스 농도는 (거의) 동시에 변화했다

기후변화의 원인

기후변화에서
지구온난화가 차지하는 비중

일부 연구에서는 태양이나 화산 등 자연적 요인뿐 아니라 인간이 지구온난화에 끼친 영향을 다룬다.[1~7] 이러한 연구 결과에 따르면 산업화 이후에는 인간의 개입을 배제하고서는 기온이 상승하는 현상을 설명할 수 없다.

지표면 근처 기온은 1870~2010년 화산 폭발(14페이지 참조)로 인해 일시적으로 떨어졌다.[1][8] 태양활동의 변화(30페이지 참조)는 기후에 매우 적은 영향을 주었을 뿐이다.[2][9] 비교적 짧은 기간 동안 나타났던 기온 변화는 주로 지표면으로 유입되는 태양복사 열에너지와 우주로 유출되는 지구복사 열에너지와는 무관하게 발생하는 자연현상에 기인한다(내부 변화).[3][10,11] 이를테면 바다와 대기순환의 상호작용(바람)이 여기에 해당한다. 오른쪽 그래프에서 볼 수 있듯이 기후변화에 관한 정부 간 패널(Intergovernmental Panel on Climate Change, IPCC)에서는 1951~2010년 기간 동안 인위적 기후변화로 상승한 기온을 0.7℃로 평가했다.[4][12] 반면 자연적 요인이 기온 상승에 끼친 영향은 ±0.1℃로 평가 된다.[12]

→
이러한 현상을 '인간이 만든 기후변화'라고 한다.[13]

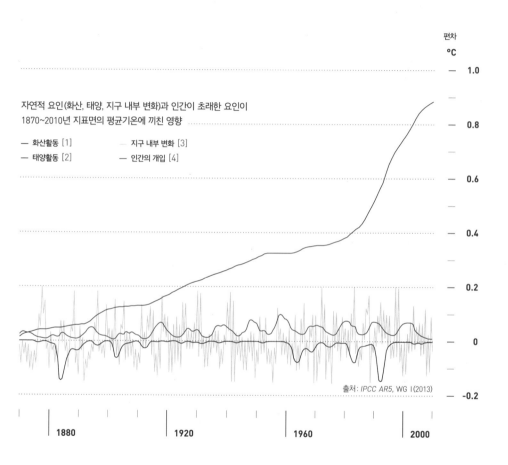

자연적 요인(화산, 태양, 지구 내부 변화)과 인간이 초래한 요인이
1870~2010년 지표면의 평균기온에 끼친 영향

— 화산활동 [1]   — 지구 내부 변화 [3]
— 태양활동 [2]   — 인간의 개입 [4]

편차
°C

— 1.0

— 0.8

— 0.6

— 0.4

— 0.2

— 0

출처: *IPCC AR5, WG I* (2013)   — -0.2

1880   1920   1960   2000

기후변화의 원인

인간이 만든
온실가스

인간의 활동으로 인해 배출된(방출된) 온실가스를 '인간이 만든 온실가스'라고 표현한다. CO₂, CH₄, N₂O 배출이 인간이 만든 온실효과에 얼마나 큰 영향을 끼치는지는 대기 중 이산화탄소 농도(양)와 온실가스지수(영향)로 나타낸다.

이산화탄소(CO_2), 메탄(CH_4), 아산화질소(N_2O) 같은 온실가스가 대기 중에서 차지하는 비중은 산소(21%)나 질소(78%)에 비해 낮은 편이다.[1] 하지만 산업화 이후 인간이 만든 온실가스 배출로 인해 온실가스 농도는 급격히 증가했다.[1][2] 자연 발생적 온실가스와 마찬가지로 인간이 만든 온실가스는 복사 열에너지가 우주로 바로 방출되는 것을 막고(12페이지 참조), 지구온난화에 영향을 끼친다.[3,4] 다양한 물리적·화학적 과정들을 통해 온실가스가 제거되거나 분해될 때까지 대기 중에 잔류하는 온실가스는 기후에 지속적인 영향을 미치게 된다.[5]

	1750년의 온실가스 농도 [6]	[1] →	2016년의 온실가스 농도 [7, 8, 9]	이 기간 동안의 잔류시간 [10, 11] [2]
CO₂	280 ppm•		404 ppm = 0.0404%	최대 100만
CH₄	722 ppb••		1,842 ppb = 0.0001842%	12.4
N₂O	270 ppb		328 ppb = 0.0000328%	121

• ppm = 100만 분의 1   •• ppb = 10억 분의 1

CO₂ ▌1
CH₄ ▨ 28   [3]
N₂O ▨ 265

100년간 지구온난화지수(GWP)[11]

온실가스의 영향은 온실가스지수, 즉 지구온난화
지수(Global Warming Potential, 이하 GWP)로 나타낸
다.[3][12] 쉽게 말해 일정한 기간(대개 100년) 동안의
이산화탄소 양과 비교해 온실가스가 지구온난화
에 어느 정도 기여했는지 수치로 표현한 것이
GWP다.[13] 예를 들어 메탄의 GWP가 28이라면 이
는 동일한 양의 이산화탄소와 비교하면 현재 배출
된 메탄이 100년 후 이산화탄소보다 28배나 더 지
구를 뜨겁게 만들 것이라는 뜻이다.[11]

이산화탄소의 GWP는 메탄이나 아산화질소의
GWP보다 훨씬 낮지만, 이산화탄소 배출이 인간
이 만든 온실효과에서 차지하는 비중은 무려 76%
로 가장 높다.[4] 이것은 인간의 활동을 통해 배출
되는 가스에서 메탄이나 질소보다 이산화탄소의
비중이 더 높은 것과 관련이 있다.[14]

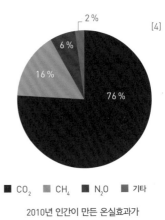

[4]

2 %
6 %
16 %
76 %

■ CO₂ ■ CH₄ ■ N₂O ■ 기타

2010년 인간이 만든 온실효과가
온실가스 배출에 끼친 영향[14]

기후변화의 원인

탄소순환

바다, 토양, 식생은 대기 중으로
CO_2를 배출하고 대기 중의 CO_2를
흡수하면서 순환된다.
이것은 자연 발생적
탄소순환의 일부다.[1,2]

지난 10년 동안 인간 활동으로 배출된 이산화탄소(CO_2)는 평균 390억 톤이다. 그중 약 28%는 토양과 식생에 저장되었고, 약 22%는 바다에 흡수되었으며, 나머지 44%는 대기에 잔류한다.[3] 인간이 아주 짧은 시간 내에 석탄, 천연가스, 석유에 저장되어 있던 이산화탄소를 배출시키면서 탄소순환에 이상이 생기기 시작했다.[4] 바다는 이산화탄소를 흡수하면서 산성화되었고(72페이지 참조), 대기 중 이산화탄소 농도는 지난 80만 년 동안 나타났던 자연 변동성의 범위를 훨씬 초과했다(36페이지 참조).[5~8]

2007~2016년 매년 인간이 만든 CO_2 평균
배출량과 토양, 식생, 대양, 대기의 흡수량[3]

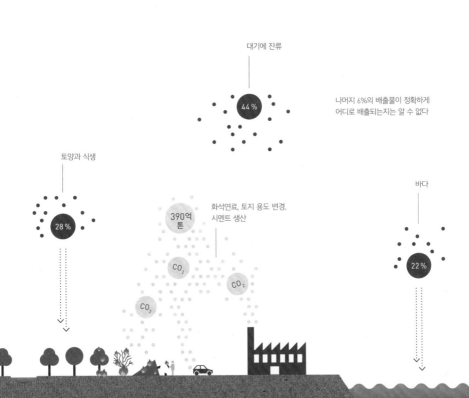

대기에 잔류

44 %

나머지 6%의 배출물이 정확하게
어디로 배출되는지는 알 수 없다

토양과 식생

28 %

390억
톤

화석연료, 토지 용도 변경,
시멘트 생산

CO_2

CO_2

CO_2

바다

22 %

기후변화의 원인

이산화탄소 배출

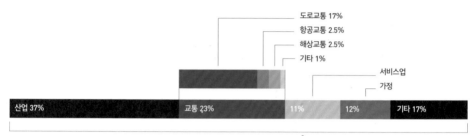

도로교통 17%
항공교통 2.5%
해상교통 2.5%
기타 1%

서비스업
가정

| 산업 37% | 교통 23% | 11% | 12% | 기타 17% |

2014년도 부문별 이산화탄소 배출량[2]

화석연료 연소 시 배출되는 이산화탄소에서
석탄, 석유, 가스가 차지하는 비중[1]

석탄
44%

석유
35%

천연가스
21%

2014년 화석연료(석탄, 석유, 천연가스) 연소는 전 세계 이산화탄소(CO_2) 배출량의 약 85%를 차지했다. 이산화탄소 배출량 가운데 나머지 5%는 시멘트 생산, 10%는 토지 용도 변경으로 인한 것이었다.[1] 이는 화석연료 연소가 대기 중 이산화탄소 농도를 상승시키는 주된 요인이라는 사실을 입증한다. 왼쪽 도표에는 화석연료를 이용한 에너지 생산에서 각 연료가 차지하는 비중이 자세히 나와 있다.[2] 화석연료 연소로 인해 발생하는 이산화탄소 배출량에서 석탄이 차지하는 비중은 44%다.[1]

한편 이산화탄소 배출량을 증가시킨 또 다른 원인으로 유럽과 북아메리카에서 수백 년 전 행해진 개간 사업을 꼽을 수 있다.[3,4] 최근에는 도로 건설, 목초지 개발, 목재 생산, 해외 수출용 기름야자, 바나나, 대두, 커피 재배(토지 용도 변경)[5~9]를 위해 열대우림에서 벌목과 개간을 진행 중이다. 그 결과 그리고 자연적 요인들(예를 들어 산불)로 인해 2000~2009년 1분당 평균 축구 경기장 35개 크기 면적의 숲이 사라지고 있다.[10,11]

열대우림의 산불로 인해 나무나 토지에 저장된 탄소(C)는 CO_2 형태로 배출된다.[12, 13]

기후변화의 원인

메탄과 아산화질소 배출

2000 ~ 2009년 인류 활동에 의한 메탄(CH_4) 배출량의 29%는 화석연료 사용으로 인한 것이었다.[1,2,3] 가축사육, 특히 소가 음식물을 소화하는 과정에서 배출되는 메탄의 양도 이와 맞먹는 비중을 차지한다.[4] 나머지 4분의 1은 쓰레기 매립지에서 쓰레기가 분해될 때 발생하는 메탄가스가 차지한다.[5] 물이 차 있는 논에서 토양의 미생물로 인해서도 대기 중으로 메탄가스가 배출된다.[6] 마지막으로 바이오매스*(예를 들어 숲과 잡목림의 화재)가 연소되고 기름야자에서 얻은 바이오연료를 생산할 때에도 메탄가스가 배출된다.[1,7]

* 식물이나 미생물 등을 에너지원으로 이용하는 자원.

인간이 만든 전 세계 메탄 배출량[1]

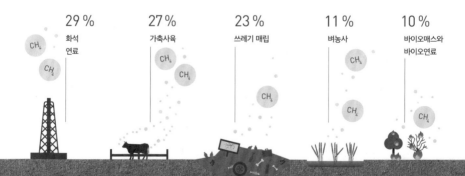

| 29 %
화석
연료 | 27 %
가축사육 | 23 %
쓰레기 매립 | 11 %
벼농사 | 10 %
바이오매스와
바이오연료 |

농업 부문의 아산화질소(N_2O) 배출량은 무려 59%로 압도적으로 많은 비중을 차지한다.[1] 농사에 사용되는 비료에는 질소화합물이 포함되어 있다. 농경지에 서식하는 박테리아는 질소화합물을 분해하는데 이때 아산화질소가 발생해서 대기 중에 배출된다.[8] 뿐만 아니라 가축의 배설물에서도 아산화질소가 배출된다.[9] 화석연료가 연소될 때와 마찬가지로 바이오매스와 바이오연료가 연소될 때에도 아산화질소가 배출되는데, 인간이 만든 아산화질소가 차지하는 비중은 아주 적다(10%).[1] 질소화합물이 하천에 도달하면 (하수나 농사에 사용되었던 비료 때문에) 하천에 서식하는 박테리아가 이를 분해하고, 하천에서도 아산화질소를 배출한다.[10,11] 나머지는 인간의 배설물 등 여타 요인을 통해 배출된다.[1]

인간이 만든 전 세계 이산화질소 배출량[1]

| 59 % 농업 | 10 % 바이오매스와 바이오연료 | 10 % 화석연료와 산업 | 9 % 하천 | 12 % 기타: 예를 들어 인간의 배설물 |

기후변화의 원인
국가별 이산화탄소 배출량

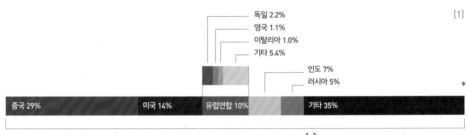

독일 2.2%
영국 1.1%
이탈리아 1.0%
기타 5.4%

인도 7%
러시아 5%

*

중국 29%　　　미국 14%　　　유럽연합 10%　　　기타 35%

2015년 전 세계 CO_2 배출량의 국가별 비중[1, 2]

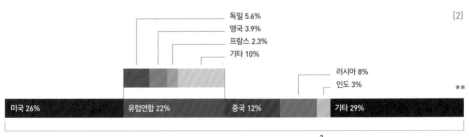

독일 5.6%
영국 3.9%
프랑스 2.3%
기타 10%

러시아 8%
인도 3%

**

미국 26%　　　유럽연합 22%　　　중국 12%　　　기타 29%

1918~2012년 전 세계 CO_2 배출량의 국가별 비중[3]

2015년 중국은 미국과 유럽연합을 따돌리고, 화석연료 연소로 인해 이산화탄소를 가장 많이 배출하는 국가가 되었다.[1][1,2]

이산화탄소 배출량의 역사적 변화를 살펴보면 이산화탄소가 대기 중에 머무르는 잔류시간이 길어진 것도 지구온난화에 영향을 끼쳤다는 사실을 알 수 있다. 이 경우에는 전혀 다른 그림이 나온다. 미국과 유럽연합은 1918~2012년 중국보다 훨씬 많은 양의 이산화탄소를 배출했다.[2][3] 특히 미국과 유럽연합은 산업화 이후 기온 상승에 책임이 있다.

각국의 이산화탄소 배출량을 비교하기 위해 나라별 이산화탄소 배출량을 인구로 나누어, 1인당 이산화탄소 배출량을 계산했다.[3] 제품을 생산할 때 배출되는 이산화탄소 배출량은 대개 제품을 생산하는 국가에서 발생했다(생산 원칙). 반면 소비 원칙에 따른 1인당 이산화탄소 배출량은 제품을 소비하는 지역에서 발생했다. 소비 원칙에 따를 경우 중국, 인도, 러시아의 이산화탄소 배출량은 감소한 반면 유럽과 미국의 이산화탄소 배출량은 증가했다.[4][4]

* 한국은 1.7%로 이산화탄소 배출량 순위로는 여덟 번째이다.

** 2018년 과학자연합(ucsusa.org)에 따르면 한국의 1인당 이산화탄소 배출량은 12.4톤으로 세계에서 여섯 번째로 많은 것으로 조사됐다.

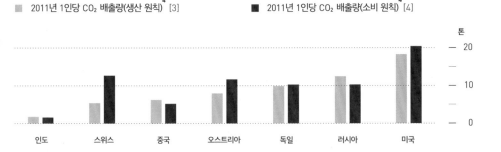

■ 2011년 1인당 CO_2 배출량(생산 원칙)[4] [3]   ■ 2011년 1인당 CO_2 배출량(소비 원칙)[4] [4]

톤

— 20

— 10

— 0

인도   스위스   중국   오스트리아   독일   러시아   미국

기후변화의 원인

인간의 개입으로
발생한 그 밖의 기후변화

지구 표면에서 우주로 방출되는 복사 열에너지를 인공위성으로 측정할 수 있는 시대가 되었다. 인공위성으로 관찰한 결과 온실가스가 흡수할 수 있는 복사 열에너지의 비중은 1970년 이후 점점 감소하고 있다. 온실가스 농도가 상승함으로써 우주 공간에 방출되는 복사

열에너지의 양이 줄어들고 있기 때문이다.[1] 게다가 지구 표면에 반사되는 복사 열에너지도 점점 늘어나고 있다.[2], [3] 그 결과 (하층 대기에 해당하는) 대류권은 점점 뜨거워지고 (대류권 바로 위층 대기에 해당하는) 성층권은 차가워지고 있다.[3]

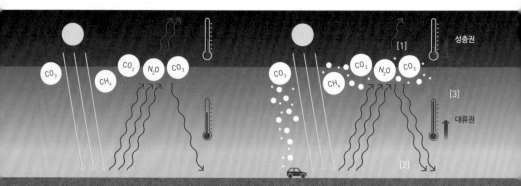

인간이 개입하지 않았을 때　　　인간이 개입했을 때

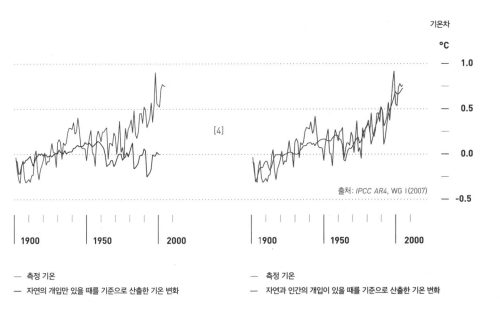

기온차

°C

— 1.0

— 0.5

[4]

— 0.0

출처: *IPCC AR4, WG I*(2007)

— -0.5

1900   1950   2000

1900   1950   2000

— 측정 기온
— 자연의 개입만 있을 때를 기준으로 산출한 기온 변화

— 측정 기온
— 자연과 인간의 개입이 있을 때를 기준으로 산출한 기온 변화

→
이러한 연구 결과는 인간이 만든 기후변화 이론이 자연 상태에서도 확인되고 입증될 수 있음을 알려주는 증거다. 또한 기후모델 시뮬레이션도 인간의 개입을 배제한 상태에서는 기온상승현상을 설명할 수 없다는 사실을 보여준다.

3장

빙권

빙권은 지구에서 물이 얼어 있는 형태로 나타나는 모든 지형을 뜻한다.
대표적 예로 눈과 얼음으로 덮인 육지, 빙하, 영구동토 등이 있다.[1]

표면에 도달하는 빛의 일부는 다시 반사된다.
표면에 입사된 일사가 반사되는 비율을
알베도라고 한다.[2]

영구동토는 최소 2년 이상 0℃ 미만의 기온이
유지되는 대지를 일컫는다.[3]

빙상(대륙빙하)은
눈이 쌓여서 형성된다.[2]

해빙(海氷)은
바닷물이 얼면서 만들어진다.[2]

빙붕(氷棚)은 육빙(陸氷)이
바다로 흘러들어 가서 만들어진다.[4]

빙권

북극

북극점은 북극해라는 바다 한복판에
위치하며, 북극해 바닷물이 얼면서 만들어지는
해빙은 바닷물보다 농도가 낮아 둥둥 떠 있고
해수면 위에 일부 노출되어 있다.[1] 북극 해빙 중에는
두께가 몇 미터에 이르는 것도 있으며,
흔히 빙산의 일각이라 불리는 것처럼
해빙의 단지 12%만 해수면 위로
솟아올라 있다.[2,3]

1979

북극

북극은 기후변화의 영향이 특히 두드러지게 나타나는 곳으로, 기온이 지구의 평균 기온보다 훨씬 더 급격히 상승 중이다.[4,5] 1979~2016년 매년 9월 북극의 해빙 면적을 측정한 결과 약 43% 감소했음을 알 수 있다. 오스트리아 전체 면적보다도 더 큰 면적의 해빙이 줄어든 것이다.[6,7] 같은 기간 해빙의 두께도 줄어들면서, 부피가 약 77% 감소했다. 이는 북극 전체에서 해빙이 감소하고 있다는 증거다. 이 얼음을 독일에 분배한다면 독일 전역이 33.5미터 두께의 얼음층으로 뒤덮일 것이다.[8,9,10]

2016

북극의 해빙 부피가
약 77% 감소

빙권

아이스-알베도 되먹임 효과

표면에 도달한 빛의 일부는 다시 반사된다.[1,2] 예를 들어 숲으로 뒤덮인 지표면보다는 눈과 얼음으로 덮인 표면에서 더 많은 빛이 반사된다.[3] 이처럼 표면에 입사되었다가 흡수되지 않고 반사되는 정도를 알베도라고 한다.[2]

눈과 얼음은 표면에 입사된 빛 중 많은 양을 우주 공간에 반사한다(높은 알베도). 기온이 상승하면서 눈이나 얼음으로 뒤덮인 표면이 녹으면, 그 아래에 있던 물이나 암석이 모습을 드러내는데 이런 것들은 대개 눈이나 얼음보다 표면이 어둡다. 그리고 빛을 훨씬 적게 반사하기 때문에(낮은 알베도), 그 주변은 점점 따뜻해진다.[3] 그 결과 지구온난화가 촉진되어 더 많은 양의 눈과 얼음이 녹으면서

초기 상태

기온이 상승하면서 얼음이 녹는다

점점 더 따뜻해진다. 이렇게 점점 강화되는 프로세스를 '아이스-알베도 되먹임 효과'라고 한다.[4]

아이스-알베도 되먹임 효과는 특히 북극지방에서 중요한 역할을 한다. 여름에 녹는 해빙의 양이 증가하면서 얼음으로 덮여 있던 바다 면적이 감소하고 있기 때문이다. 바다가 점점 따뜻해지면서 일사뿐만 아니라 따뜻한 바닷물 때문에 북극의 얼음은 점점 더 많이 녹게 될 것이다.[5]

→

눈과 얼음이 녹으면서 지구온난화 현상이 심해지고 있다.

우주에 반사되는 일사가 점점 줄어든다

되먹임 효과가 지구온난화를 강화시킨다

빙권
육빙

얼음으로 덮인 평탄한 영역 중
면적이 5만km²보다 작고 주로 극지방과
아한대지방에 존재하는 것은
빙모(ice cap)라 하고,[1] 면적이 5만km²보다
큰 경우에는 빙상(ice sheet)이라고 한다.[2]
현재 지구에는 단 두 개의 거대한
대륙 빙상이 있는데 하나는 남극빙상이고,
다른 하나는 그린란드빙상이다.[3]

뮤어빙하: 1941년 알래스카

1941 - William Osgood Field @ National Snow and Ice Data Center

기후변화로 인해 나타나는 현상 중 산악빙하
와 빙모가 감소하고 있다는 사실은 가장 잘
알려져 있다. 고온이나 연간 적설량 같은 지
역적 요인은 빙하량 감소에 영향을 끼친다.[4,5]
물론 산악빙하와 빙모는 전 세계 얼음 부피
에서 적은 비중을 차지한다. 육지의 빙하에
서 가장 많은 부분으로 99% 이상을 차지하는
것은 그린란드빙상과 남극빙상이다.[3]

뮤어빙하: 2004년 알래스카

2004 © Glacier Bay National Park & Preserve - www.nps.gov/akso/nature/
environment/glaciers.cfm. Photo courtesy of Bruce Molnia, USGS

빙하뿐 아니라 북반구의 적설량도 점점 줄어
들고 있다. 1966년부터 현재까지 전년도 대
비 매년 평균 213km² 면적에 해당하는 적설
량이 감소하고 있다.[7]

→

**전 세계에서 관찰되는 거의 모든 빙하가 장
기적으로는 줄어들 것이다.[6]**

빙권
그린란드빙상

그린란드빙상은 지구에서
남극빙상 다음으로 큰 빙상이다.[1]
그린란드의 육지는 대부분의 면적이
그린란드빙상으로 뒤덮여 있으며,[1]
그중에는 두께가 3km 이상인 곳도 많다.[2]

빙하 가장자리에 있던
얼음이 부서져 바다에 떨어지는 것을
'빙산 분리'라고 한다.[9]

[1]

북극의 해빙과 달리 그린란드빙상은 육지에 있다. 그린란드빙상이 녹으면 해수면이 상승한다. 빙상이 전부 녹아 사라질 경우 해수면 높이는 7m 이상 상승한다.[1] 2002~2016년 그린란드 빙상 중 많은 면적이 녹아 없어지면서 해수면이 매년 약 0.8mm 상승했다.[3,4] 이것은 매년 평균 2,800억 톤의 얼음이 줄어드는 것과 일치한다.[4] 그린란드빙상이 줄어들고 있는 이유는 빙산의 빙산 분리가 많아지고 있거나[5,6] [1] 표면의 얼음이 녹고 있기 때문이다.[7] 여기서 눈여겨볼 점은 최근 몇 년간 그린란드 빙상이 부쩍 빠른 속도로 사라지고 있다는 것이다.[3,4,8]

그린란드

빙권
남극

남극은 지구에서 가장 큰 빙상으로 뒤덮여 있다.[1] 남극의 얼음은 대부분 육지에 있다. 빙상과 이어지는 부분인 빙붕은 해안 앞쪽에 둥둥 떠 있다.[2,3] 남극에는 얼음이 워낙 많기 때문에 남극빙상이 전부 녹을 경우 해수면이 약 58미터 상승한다.[1] 북극과 달리 1979~2016년 남극의 해빙 면적은 연평균 0.16% 증가했다.[4] 반면 남극 전역에서 빙상이 사라져가고 있다. 동남극에서는 눈이 많이 와서 빙상이 약간 증가했지만,[5] 서남극에서는 빙상이 감소했다.[3] 바닷물이 상대적으로 따뜻해지면서 이 지역의 빙붕이 녹았기 때문이다.[6] 그 결과 육지에서 흘러들어 오는 얼음이 얼어 있는 상태로 머물지 못하고 급격히 감소했다. 육지에서 흘러들어 오는 빙설의 유속은 더 빨라졌고, 눈이 올 때 형성되는 것보다 더 많은 양의 얼음이 이동하게 되었다.[7~10] 서남극에서는 상대적으로 따뜻한 바닷물이 빙붕 하부로 유입되어 얼음을 녹이면서 융해 과정과 빙하 유출이 가속화되는 중이다. 바로 이것이 얼음이 녹는 프로세스와 빙설의 유속을 가속화한다.[10,11]

→

2003~2016년 빙상에서 매년 1,410기억 톤의 얼음이 사라지고 있다.[7]

오른쪽 그래픽:
2003~2016년 남극의 연평균 얼음 양 변화
출처: Sasgen et al.(2017)

감소 ━━━━━━━━━━━━━━━━━━━━━━ 증가

빙권

녹고 있는 얼음과
해수면 상승

육빙은 육지에 있는 얼음을 일컫는 개념이다. 이 얼음이 녹으면 융빙수(融氷水)가 바다로 흘러들어 가 해수면이 상승한다(76페이지 참조). 육빙이 전부 녹을 경우 해수면은 약 66미터 상승한다.[1] 반면 물속에 있는 얼음인 해빙과 빙붕은 녹는 방식이 다르다. 물과 물속 얼음의 소금 함량이 동일해야 얼음이 녹기

해빙이 밀려날 때와 마찬가지로 해빙이 녹으면
거의 같은 양의 물이 생긴다.

시작한다. 이는 얼음과 같은 양의 물이 밀려나는 것과 동일한 원리다. 아래 그림을 보면 좀 더 쉽게 이해할 수 있을 것이다. 해빙과 빙붕의 소금 함량이 다를 경우 얼음은 적은 양의 물만 밀어낸다. 따라서 해빙과 빙붕이 녹아도 해수면은 겨우 4cm 상승하는 정도에 그치며, 약 3.6cm 정도만 상승해도 빙붕은 거의 사라져 있다.[2]

→

북극의 해빙이 녹아도 해수면에는 큰 영향을 끼치지 않는다.

빙권

영구동토

영구동토는 최소 2년 이상 온도가 0°C 미만으로 유지되는 지하 토양을 뜻한다.[1] 영구동토는 시베리아, 캐나다, 알래스카[2] 혹은 산악 등지의 추운 지역에서 볼 수 있고,[3] 북반구 육지 면적 가운데 약 24%를 차지한다.[4]

지구온난화로 인해 극지방에서 여름에 영구동토가 더 오랫동안 더 많이 녹고 있다.[5] 영구동토는 수천 년이 넘은 동식물 잔해를 보존하고 있다. 영구동토가 녹으면 동식물 잔해에서 미생물 분해 프로세스가 일어나 동식물 속 탄소가 대기권까지 도달할 수 있는 이산화탄소(CO_2)와 메탄(CH_4)으로 변형된다.[1][6] 고온현상은 식물의 성장도 촉진한다. 영구동토가 녹으면서 이산화탄소가 배출되고 단기적으로 식물은 더 많은 이산화탄소를 흡수할 수 있기 때문이다.[2] 하지만 장기적으로는 그렇지 않다.[3][7] 이 역시 지구온난화를 재촉하는 요인이며 그 결과 더 많은 영역에서 영구동토가 녹고 있다. 이렇게 점점 강화되어가는 프로세스를 영구동토-탄소-되먹임 효과라고 한다. 따라서 지구는 인간이 배출하는 이산화탄소만 존재할 때보다 빠른 속도로 더워지리라 예상된다.[6]

→

영구동토가 녹으면 온실가스가 배출되어 지구온난화가 촉진된다.[6]

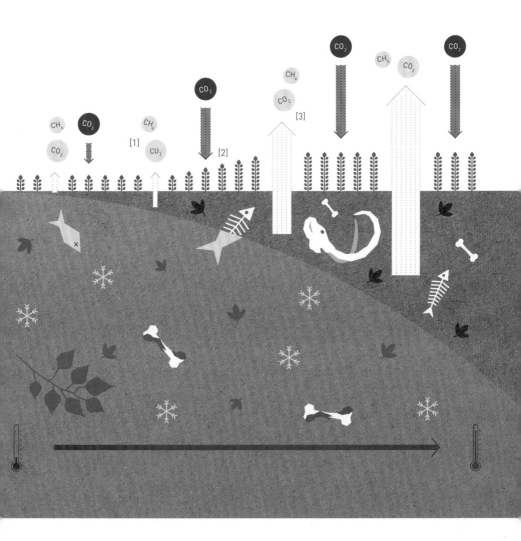

빙권

녹고 있는 영구동토가
환경에 끼치는 영향

얼어 있는 물은 영구동토를 안정적으로 지켜준다. 영구동토가 녹으면서 지하 토양이 불안정해지고 건물, 송유관, 교통망 등 각종 인프라에 피해가 발생할 가능성이 높아지고 있다.[1,2] 또한 불안정한 토양은 산사태를 일으킬 수 있다.[3] 예를 들어 알프스 같은 산악 지대의 영구동토는 벼랑을 안정적으로 지탱하는 역할을 한다. 이곳의 영구동토가 녹을 경우 대규모 암석이 붕괴하는 사태가 발생할 수도 있다.[4]

그 밖에도 영구동토가 녹으면 해빙은 감소하고 대기와 해양 온도는 상승해 해안침식이 발생할 수 있다.[1,5] 해안침식현상은 점점 빠른 속도로 나타나고 있으며, 해안마다 차이는 있지만 침식 정도가 연평균 0.5미터에 달한다.[6] 알래스카 해안은 해마다 평균 13.5미터씩 내륙으로 후퇴한다.[7]

4장

해양

지구 표면의 70% 이상은 바다로 덮여 있다. 바다는 많은 양의 열을 전달할 수 있기 때문에 지구의 기후에서 중요한 의미를 갖는다.[1,2] 뿐만 아니라 바다는 지구온난화를 완화하는 역할을 한다. 또한 바다는 인간이 발생시킨 이산화탄소 배출량 일부와 온실효과로 인해 지구에 갇힌 에너지의 일부를 흡수한다.[3,4]

해양

해양에 끼치는 영향

1971~2010년 기간 동안 지구온난화로 지구에 축적된 열에너지의 대부분(93%)은 해양에 흡수되었다.[1] 그 결과 1880~2015년 기간 동안 해표면 수온은 0.8℃ 상승했고, 해양 내부의 수온도 함께 상승했다.[1,2] 또한 인간이 발생시킨 이산화탄소 배출량 가운데 22%를 흡수함으로써 바다는 산성화되어가고 있다.[3] 바다는 전 세계 기온 상승을 약화시킨 반면, 바다에 서식하는 생물들은 바다의 온난화와 산성화로 갈수록 많은 스트레스를 받고 있다.(104페이지 참조).[4]

기체는 본래 따뜻한 액체보다는 차가운 액체에서 잘 녹는 성질이 있다. 따라서 바다가 따뜻해지면 인간이 배출한 이산화탄소를 적게 흡수할 수밖에 없다.[5] 지구온난화현상이 심해지면서 완충장치로서의 바다의 역할은 점점 약해져간다.[6] 또한 해양 내부의 용존 산소도 역시 감소하기 때문에 서식하는 해양 생물들이 점점 더 많은 스트레스를 받는 요인이 된다.[7]

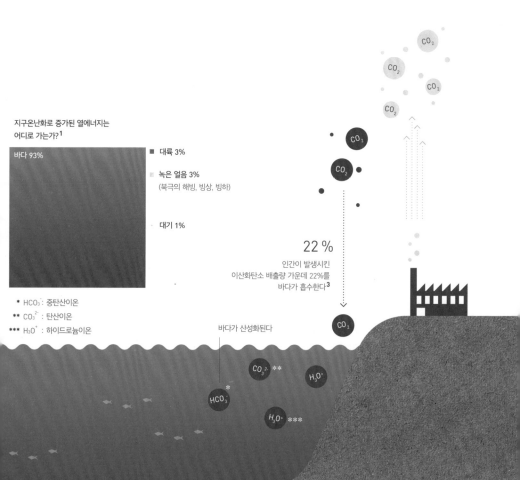

지구온난화로 증가된 열에너지는
어디로 가는가?[1]

바다 93%

■ 대륙 3%

■ 녹은 얼음 3%
(북극의 해빙, 빙상, 빙하)

대기 1%

* HCO₃⁻ : 중탄산이온

** CO₃²⁻ : 탄산이온

*** H₃O⁺ : 하이드로늄이온

22 %
인간이 발생시킨
이산화탄소 배출량 가운데 22%를
바다가 흡수한다[3]

바다가 산성화된다

CO_2

CO_2

CO_2

CO_2

CO_2

CO_2

CO_2

CO_2

CO_3^{2-} **

H_3O^+

HCO_3^- *

H_3O^+ ***

해양
수증기 되먹임

초기 상태

온난화로 인해 많은 양의 물이 증발한다

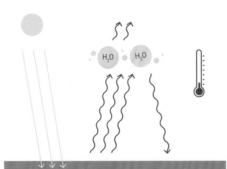 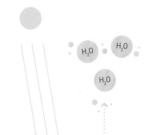

따뜻한 공기는 차가운 공기보다 많은 양의 수증기(H_2O)를 흡수할 수 있다. 따라서 기온이 상승하면 대기 중 수증기 양이 증가한다.[1] 수증기도 온실가스와 밀접한 관련이 있어서 대기 중 수증기 양이 증가하면 온실효과가 심해지고 기온도 더 상승한다.[2] 이러한 프로세스가 강화되는 것을 '수증기 되먹임 효과'라고 한다. 수증기 되먹임 효과도 지구온난화를 가속화한다.[3]

온실효과가 증대된다

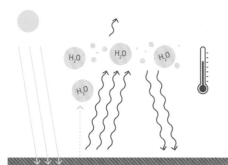

수증기 되먹임 효과가 지구온난화를 촉진한다

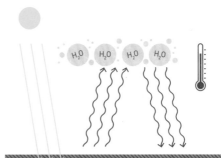

해양
해수면 상승

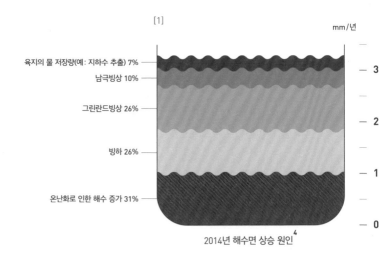

[1]

mm/년

육지의 물 저장량(예: 지하수 추출) 7%

남극빙상 10%

그린란드빙상 26%

빙하 26%

온난화로 인한 해수 증가 31%

— 3

— 2

— 1

— 0

2014년 해수면 상승 원인[4]

지구온난화로 바닷물의 수온이 증가하면 그 부피가 팽창하기 때문에 해수면이 상승한다.[1,2] 기온이 상승하면 빙하와 빙상도 녹는다. 그 결과 1880~2013년 해수면은 총 23cm 상승했다.[3] 한편 2014년 한 해에만 해수면 높이가 3.3mm 상승했다.[1][4] 빙하기에서 온난기로 넘어갈 당시에는 거대한 얼음덩어리가 녹았기 때문에 해수면이 지금보다 훨씬 높았다(1년에 10~15mm 상승). 하지만 최근 15년, 지난 100년, 지난 2,000년간 상승한 연평균 해수면 높이를 비교해보면 해수면이 점점 빠른 속도로 상승하고 있음을 알 수 있다.[2][5,6]

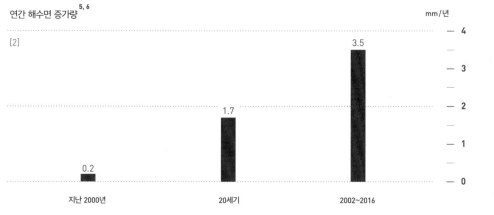

연간 해수면 증가량[5,6]

mm/년

[2]

0.2 — 지난 2000년
1.7 — 20세기
3.5 — 2002~2016

해양
해양순환의 변화

해양 컨버이어 벨트를 구성하는 대서양 자오면 순환(Atlantic Meridional Overturning Circulation, 이하 AMOC)은 지국의 기후를 조절하는 중요한 역할을 담당한다(20페이지 참조).[1] 북서 유럽 지역의 기후가 온화한 것은 AMOC가 멕시코만류,[1] 북대서양 해류[2]와 함께 열대지방의 따뜻한 바닷물을 북대서양으로 이동시키기 때문이다.[2] 표층해류를 따라 북쪽으로 흘러가는 따뜻하고 염분이 높은 바닷물은 북대서양에서 대기를 가열하며 대기로 열을 빼앗기기 때문에 점점 차가워지고 밀도가 증가하면서, 가라앉으며 심층해수를 생성한다. 생성된 심층해수는 심해에서 심층해류를 따라 남쪽으로 흘러가서 남빙양(남극해)에까지 도달한다.[3] 심해에서는 바닷물이 서로 혼합되어 균질해지려는 특성을 보이고, 남빙양 등에서는 해상풍에 의한 상층으로의 용승(upwelling)이 발생하므로 다시 표층해류를 따라 따뜻해진 바닷물이 북쪽으로 수송되며[4] AMOC을 완성한다.

기후변화가 촉진되면서 그린란드빙상이 녹고 있다(60페이지 참조). 염분이 낮은 융빙수는 북대서양 북부 표층의 바닷물 밀도를 감소시키므로 심층해수가 잘 생성되지 않아 AMOC를 약화시킨다.[5] 아직까지 이러한 역학 과정이 명확하게 밝혀지지는 않았으나 수치 모델 시뮬레이션 결과에 따르면 인간 활동에 의한 온실가스 배출량의 증가로 21세기 말까지 AMOC가 11~34% 정도 약해질 것으로 전망된다.[6,7,8] 앞으로 유럽(특히 영국제도와 스칸디나비아) 바닷물이 따뜻해지는 현상은 둔화될 것이다.[9,10] 하지만 순환 패턴(바람)의 변화 등 또 다른 현상이 나타남으로써 유럽에서 더 많은 폭풍이 발생할 가능성이 있다.[11]

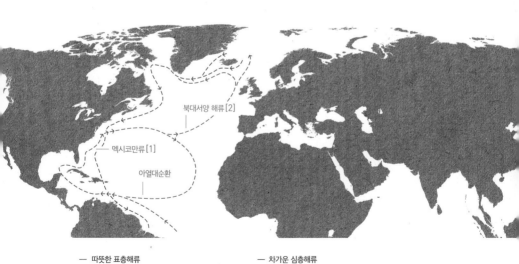

북대서양 해류[2]
멕시코만류[1]
아열대순환

— 따뜻한 표층해류   — 차가운 심층해류

기상이변과 이상기후

기상과 기후현상이 한계치를 초과하거나 보기 드문 현상이 발생하는 경우를 일반적으로 기상이변과 이상기후라고 정의한다. 하지만 기상이변과 이상기후에 대해 보편적으로 통용되는 개념은 없다.[1]

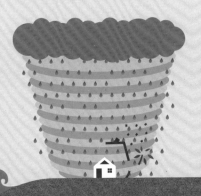

기상이변과 이상기후

폭염(혹서)과 한파(혹한)

기후변화로 인해 최고기온을 경신하는 사례[1]와 폭염일수[2]가 증가하고 있다. 1951~1980년 여름에 이상고온현상이 나타난 지역은 지구 전체 육지 면적의 1% 미만에 불과했다. 여기서 이상고온현상이란, 이론적으로는 이런 현상이 나타날 확률이 최대 0.13%에 불과한 매우 드문 경우를 말한다. 이처럼 흔치 않은 이상고온현상이 2001~2010년 지구 전체 육지 면적의 약 10%에서 발생했다.[3] 게다가 1979~2013년 산불 발생 가능 기간이 연평균 약 19% 증가했다.[4] 이때 산불이 발생한 직접적인 원인은 부주의나 방화 등 인간에게 있었던 경우가 많으나, 기후변화로 가뭄 발생 확률이 증가하며 대규모 산불이 과거보다 더 자주 발생한다는 점을 눈여겨볼 필요가 있다.[5]

폭염일수는 증가하는 반면 한파는 점점 드물어지고 그 위세도 약해진다.[6] 오른쪽 그래프에서는 이것이 기후변화로 인한 기온 분포의 이동과 관련이 있음을 알 수 있다. 물론 지구온난화에 아랑곳없이 지역적으로 한파현상이 나타날 수도 있다. 하지만 갈수록 한파는 드물어지고 약한 형태로 나타나리라 예상된다.[7]

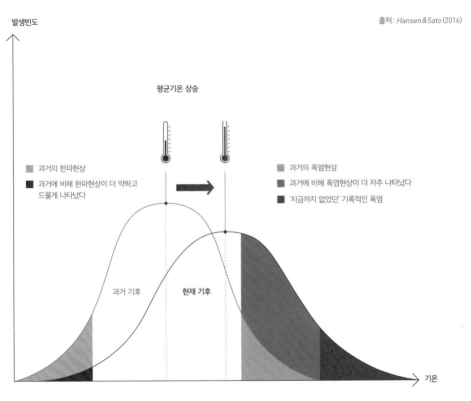

발생빈도

출처: *Hansen & Sato* (2016)

평균기온 상승

■ 과거의 한파현상

■ 과거에 비해 한파현상이 더 약하고
  드물게 나타났다

■ 과거의 폭염현상

■ 과거에 비해 폭염현상이 더 자주 나타났다

■ '지금까지 없었던' 기록적인 폭염

과거 기후

현재 기후

기온

기상이변과 이상기후
강수와 홍수

기온이 상승하면 더 많은 수증기(H_2O)를 흡수할 수 있어서, 대기 중 수증기 함량이 증가한다. 기온이 높고 습기가 충분하면 (예를 들어 바다를 통해) 많은 양의 물이 증발한다. 그 결과 물의 순환이 활발해지고 강수량이 증가한다.[1,2] 증발이 일어나는 곳에서는 수증기가 강수로 변하지 않기 때문에 물의 순환모델이 계속 바뀌고 강수량 분포는 점점 불균형해진다.[3] 예를 들어 아열대지방처럼 건조한

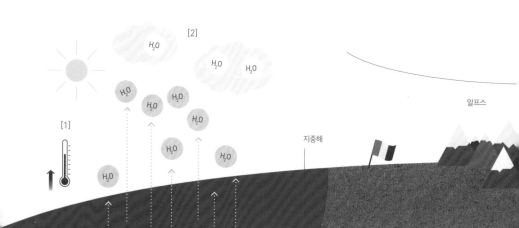

[2]

H_2O

H_2O H_2O

H_2O

H_2O H_2O

H_2O

H_2O

H_2O

H_2O

알프스

[1]

지중해

H_2O

지역은 갈수록 건조해지고, 중위도나 열대지방처럼 습한 지역은 갈수록 습해진다.[3, 4, 5]

전 세계적으로 폭우현상이 자주 발생하고 있다.[2] 특히 건조한 지방과 습한 지방의 폭우현상은 점점 더 심해지고 있다.[6] 현재 전 세계 폭우현상의 18%는 지구온난화에서 비롯된 것으로 알려졌다.[7] 이러한 이례적 강수현상은 점점 증가하고 있고 지역마다 다른 형태로 나타난다.[2] 예를 들어 지난 수십 년간 지중해 지역은 눈에 띄게 더워졌다.[1] 날씨가 더워지면서 지중해에서 많은 양의 물이 증발했다.[2] 그 결과 고기압 지대와 저기압 지대의 규칙에 따라 물이 북쪽으로 이동하고 있고,[3] 중부 유럽 지역에서는 폭우와 홍수가 잦아지고 있다.[4][8]

[4]

[3]

기상이변과 이상기후
가뭄

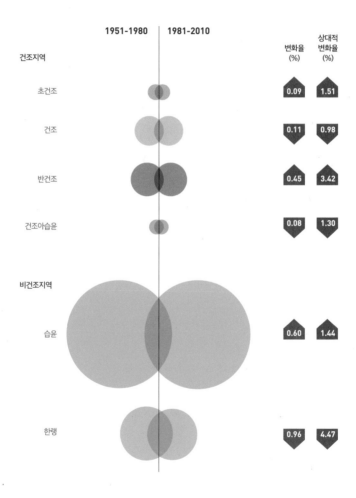

	1951-1980	1981-2010	변화율 (%)	상대적 변화율 (%)
건조지역				
초건조			0.09	1.51
건조			0.11	0.98
반건조			0.45	3.42
건조아습윤			0.08	1.30
비건조지역				
습윤			0.60	1.44
한랭			0.96	4.47

전 세계적으로 가뭄이 증가하고 있는 추세다. 그런데 가뭄은 학문적으로 다양하게 정의할 수 있어서 가뭄에 대한 일반화된 견해를 제시하기 어렵다. 단, 가뭄이 발생한 장소나 시간 등 자연적 요인이 중요하다는 사실만큼은 확실하다. 지구온난화는 지역적으로 토양습도의 증발현상을 촉진하므로 가뭄이 더 심해지고 잦아질 가능성이 높아졌다.[1] 게다가 20세기 중반 이후 기후변화로 인해 전 세계에서 건조한 육지 면적이 증가했다. 이러한 현상은 특히 아프리카, 남부 유럽, 동부 및 남부 아시아를 비롯해 북위도, 중위도, 고위도 지방에서도 나타나고 있다. 앞으로 가뭄이 발생할 확률은 점점 더 높아질 것이다.[2,3]

1951~1980년과 1981~2010년의 세계 건조지역 변화 비교.
1951년~1980년과 비교해 1981년~2010년의 두 30년 기간을 비교하면
전 세계 건조지역이 약 0.35% 증가했음을 알 수 있다.

기상이변과 이상기후
열대저기압

현재 열대저기압(태풍, 허리케인, 사이클론)과 기후변화의 직접적 상관관계를 입증할 수 있는 증거는 강풍 현상밖에 없다.[1,2] 기후변화로 인해 열대저기압 발생은 점점 줄어들 것으로 전망되고 있다. 약한 폭풍은 줄어드는 반면 강력한 폭풍은 늘어날 것이다.[1,3]

열대저기압은 수온이 26℃ 이상인 열대 해역에서 형성된다. 열대저기압을 일으키는 동력인 따뜻하고 습한 공기가 필요하기 때문이다.[4,5,6] 현재 기후변화로 인해 수온이 상승하고[1] 많은 양의 물이 증발하면서,[2] 폭풍을 일으킬 수 있는 에너지가 더 많이 공급되고 있다.[3][4,7] 미래의 열대저기압은 대기 중 수증기 함량이 높아지면서 강한 강수현상을 동반할 것이다.[3]

한편 지구온난화는 풍향과 풍속이 서로 다른 수평 방향 기류를 강화하여 상승 및 하강 기류를 약화할 것이다(대기의 안정성이 높아진다). 예를 들어 중부 및 서부 아프리카 해상에서 대서양저기압이 발생할 가능성이 높고 그 결과 열대저기압 형성은 방해를 받아, 발생 횟수가 감소할 것이다.[8,9]

→

기후변화로 인해 열대저기압 발생 횟수는 감소할 것이다. 반면 강풍이 자주 발생하고 훨씬 강한 강수현상을 동반할 것이다.

초기 상태

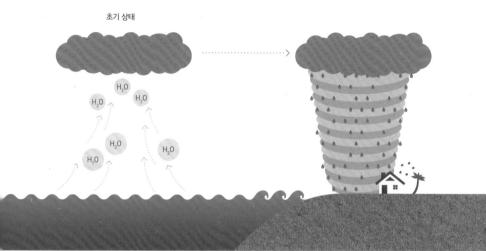

기후변화로 인해 강력해짐

[2]   [3]

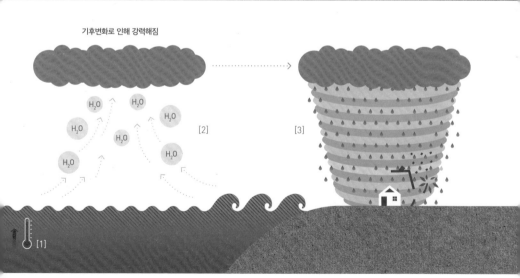

[1]

기상이변과 이상기후
뇌우

뇌우는 강하게 쏟아지는 강수, 우박, 스콜, 토네이도처럼 평소와는 다른 이상 기상현상을 동반한다. 이러한 뇌우 현상의 변화는 수십 억 달러에 달하는 손실로 이어질 수 있는 문제다.[1,2,3]

뇌우는 다양한 요인들의 상호작용을 통해 형성된다. 그래서 뇌우에는 항상 '상승 메커니즘'이 필요하다. 상승 메커니즘이 대기의 상승을 일으키고,[4] 풍향이 나 풍속이 다른 기류들이 대기에서 겹쳐지면 아주 강력한 뇌우가 발생할 수 있다.[5] 상승하는 온난 기류는 뇌우를 형성할 때 에너지 공급원으로 중요한 역할을 한다. 그 안에 포함되어 있는 수증기는 높은 곳에서 응축되고, 따뜻한 에너지를 방출해 뇌우 형성 프로세스를 촉진한다.[6] 기후변화로 인해 대기가 점점 따뜻해지면서 더 많은 수분을 흡수할 수 있는 상태로 바뀌었는데, 이러한 수증기

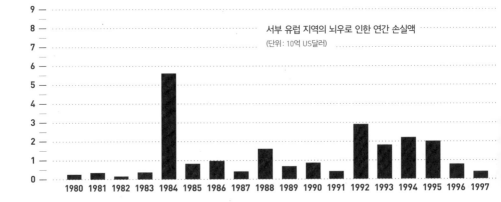

서부 유럽 지역의 뇌우로 인한 연간 손실액
(단위: 10억 US달러)

응축 과정에서 더 많은 에너지가 방출될 수 있다. 따라서 주변 환경에서 이러한 프로세스가 일어나고 있을 때 강력하고 잦은 뇌우가 형성될 수 있다.[7,8]

뇌우 형성에 영향을 끼치는 요인은 다양할뿐더러 뇌우에 대해 정확하게 알려진 것도 없다. 따라서 전 세계적으로 발달하는 추세인 뇌우와 이와 관련된 기상현상에 대해 일반화된 이론을 제시하기는 어렵다.[9] 독일에서는 향후 수십 년간 강한 뇌우현상이 많아질 것으로 예상된다.[10] 한번 형성된 뇌우는 더 많은 에너지를 통해 현재의 기후 상태보다 더 강력한 형태로 나타날 것이다.[6] 지난 수십 년 전부터 독일에서 관측된 결과에 근거할 때 앞으로 더욱 강한 뇌우와 우박이 형성될 가능성이 높다.[8]

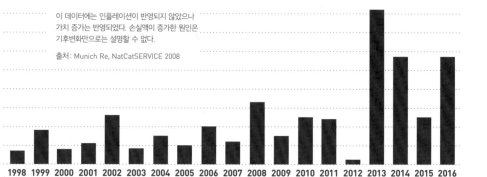

이 데이터에는 인플레이션이 반영되지 않았으나 가치 증가는 반영되었다. 손실액이 증가한 원인은 기후변화만으로는 설명할 수 없다.

출처: Munich Re, NatCatSERVICE 2008

1998 1999 2000 2001 2002 2003 2004 2005 2006 2007 2008 2009 2010 2011 2012 2013 2014 2015 2016

6장
생태계

특정한 생활공간과 그 안에서 살아가는 생명체들은 상호 관계를 맺으며 생활공동

체를 형성한다. 이를 일컬어 생태계라고 한다.[1]

생물다양성은 모든 형태의 생명체와
생태계, 각 생물들과 생태계의 상호작용, 종 내의
유전적 다양성을 일컫는 표현이다.[3, 4, 5]

생물계절학(phenology)은 매년 계절마다
동식물에게서 반복적으로 나타나는 현상을
관찰하는 분야다.[2]

생태계

계절, 식생, 기후대

생물계절학은 매년 일정한 주기마다 반복적으로 관찰되는 동식물의 발달단계를 연구하는 학문이다.[1] 연구 대상의 예를 들면 조류의 부화 시기나 식물의 개화 시기 등이 있다.[2]

지구온난화에 따라 온도가 증가하며 연중 조류의 부화 시기[4]나 식물의 개화 시기[5]가 당겨지는 등 생물계절학적 변화[3]가 동반된다. 지난 수십 년 동안 북반구에서 생물계절학적 분류에 따른 봄은 10년에 평균 2.8일 일찍 찾아왔다.[6] 극지방으로 갈수록 이러한 계절의 변화가 두드러지게 나타난다.[3]

기후변화는 식생대(植生帶)*도 이동시킨다.[7] 이를테면 북반구의 수목한계선(樹木限界線)**이 점점 북쪽[8]과 높은 지역의 산지[9]로 이동하는 현상을 말한다. 북극과 알프스 지역 생태계가 축소되는 것도 수목한계선이 이동하는 현상의 한 예다.[10]

기후대(氣候帶)***에도 변화가 있었다. 1950~2010년 전 세계 육지 면적의 약 5.7%가 따뜻하고 건조한 기후대로 바뀌었다.[11] 기후변화로 인해 지금까지 존재하지 않았던 새로운 기후 요소들의 조합이 나타나고 있기 때문에, 현재로서는 그 결과를 예측하기가 매우 어렵다.[12]

* 생활대의 하나로, 위도나 표고(標高)와 함께 온도 조건의 변화에 따라 식생이 띠 모양으로 분포하는 지역.

** 나무가 자랄 수 있는 경계선을 말한다. 위도가 높은 지역, 고도가 높은 지역, 습도가 낮은 사막 지역 등에서 나타난다.

*** 공통적 기후 특성에 따라 구분한 지대. 일반적으로 기온에 따라 크게 열대, 온대, 한대로 나누며 대체로 위도와 평행하게 나타난다.

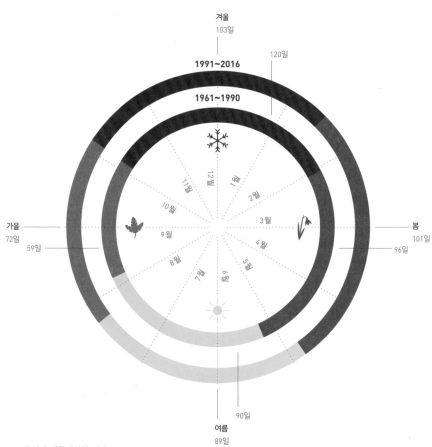

겨울
103일

120일

1991~2016

1961~1990

12월
11월
1월
10월
2월
9월
3월
8월
4월
7월
5월
6월

가을
72일
59일

봄
101일
96일

90일

여름
89일

독일의 생물계절학 시계

출처: DWD
Eintrittsdaten Leitphasen der phänologischen Jahreszeiten
(Jahresmelder, jährliche Mittelwerte Deutschland)
Bereit gestellt September 2017

생태계
동식물

동식물은 일반적으로 자신들이 서식하는 공간에 나타나는 기후변화에 잘 적응한다. 기후가 변하면 생물공동체를 구성하는 종에도 변화가 나타난다. 이것은 종종 생태계 전체의 변화로 이어진다.[1]

종이 기후변화에 반응할 수 있는 방법은 원칙적으로 세 가지로 각각의 종의 유형은 다음과 같다.

1. 첫 번째 유형은 이러한 변화에 잘 적응할 수 있는 종,[2] 즉 기후변화를 잘 극복하는 종이다. 이를테면 유럽의 많은 지역에서 서식하고 있는 나무좀처럼 오히려 번식이 활발해지는 종들이다.[3~6]

2. 두 번째 유형은 나비처럼 기후변화에 순응하는 종이다. 이런 생물들은 더워진 날씨를 피해 극지방이나 더 높은 지대로 이동한다. 육지에 서식하는 동식물은 10년에 평균 11미터 더 높은 곳으로, 혹은 극지방 방향으로 약 17킬로미터 이동한 것으로 밝혀졌다.[7]

3. 세 번째 유형은 기후변화에 잘 적응할 수 없기 때문에 분포 지역이 감소하고 최악의 경우 멸종하는 종이다.[8] 이러한 동식물은 변화가 빠를수록 주어진 환경에 대한 적응력이 떨어져 멸종할 가능성이 높아진다.[9]

종의 변화는 생태계 전체에 영향을 끼칠 수 있다. 예를 들어 포식자-먹이 관계나 경쟁 관계에 변화가 생긴다.[1]

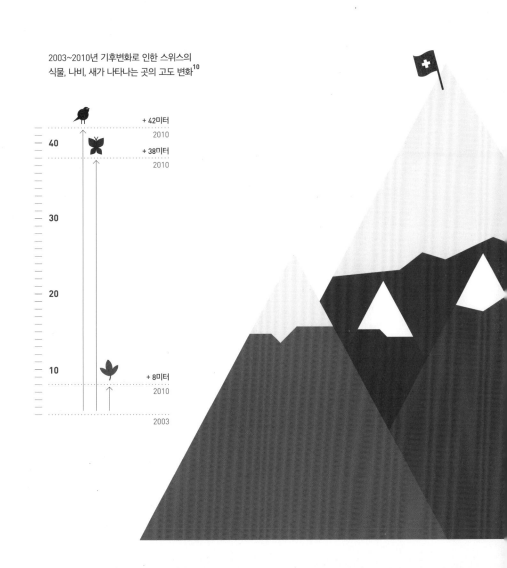

2003~2010년 기후변화로 인한 스위스의
식물, 나비, 새가 나타나는 곳의 고도 변화[10]

+ 42미터
2010

+ 38미터
2010

40

30

20

10

+ 8미터
2010

2003

생태계

생물다양성과 생태계 서비스

생물다양성은 모든 형태의 생명체와 생태계,
각 생물들과 생태계의 상호작용, 종 내의 유전적
다양성을 일컫는 표현이다.[1,2,3]

생태계 서비스 카테고리

조절 서비스

문화 서비스

생물다양성이 높으면 기후변화[4]나 진균 감염 같은 외적 현상에 대한 생태계의 내구력과 적응력도 강해진다.[5] 또한 식물의 다양성이 강하게 나타날수록 생태계의 생산성도 높아진다.[6,7] 쉽게 말해 일반적으로 생물다양성이 높을 때보다 생물다양성이 낮을 때 바이오매스가 더 적게 생산된다.[6]

기후변화로 인해 전 세계적으로 생물다양성이 감소할 것이고,[8] 생태계 서비스에 부정적 영향을 끼칠 것으로 예상된다.[9] 여기서 생태계 서비스란, 인간에게 다양한 형태로 도움을 주는 생태계의 서비스와 특성을 말한다.[10] 생태계 서비스는 인간에게 반드시 필요하지만 대개 무료로 제공된다. 생태계 내 종의 조합에 일어난 변화는 이러한 서비스에도 부정적 영향을 끼친다.[11]

유지 서비스

공급 서비스

물질순환, 토양 형성

원료

식량

생태계
우는토끼와 벌새

기후변화는 특히 고산 지대 혹은 고위도 지방에 서식하는 동물들의 생명을 위협한다. 이런 동물들은 기후의 온난화와 그로 인해 자신들의 서식공간에 나타난 변화를 피하기가 굉장히 어렵다.[1]

이와 관련된 흥미로운 예시가 미국의 우는토끼(pika)다. 우는토끼는 북아메리카 서부의 암석이 많은 산지에 주로 서식하는 종이다.[2,3,4] 우는토끼들도 여러 가지 면에서 기후변화로 인한 영향을 많이 받고 있다.[5] 원래 우는토끼는 겨울잠을 자

지 않고, 여름에 식량을 모아두었다가 땅 밑에서 이 식량을 먹으며 겨울나기를 한다.[4] 이때 적설(snow cover)*은 추운 날씨에서 보호하는 단열재 같은 역할을 한다. 그런데 기후변화로 인해 적설량이 감소하면 토끼들의 거처가 추워지고, 최악의 경우 토끼들이 얼어 죽는다. 여름 기온이 점점 높아지는 것도 우는토끼처럼 기온에 아주 민감한 동물들에게는 문제가 된다.[2] 이런 상황을 피해 토끼들은 날씨가 더 추운 고지대로 서식공간을 이동하고 있다.[2,5,6] 하지만 토끼들이 서식공간을 이동한 후에도 문제가 있다. 이미 산 정상 지대에 살고 있는 토끼들은 더 이상 피할 곳이 없기 때문이다.[5,7,8]

* 지면에 쌓인 눈.

기후변화로 인한 생물계절학적 변화는 동식물의 상호작용에 변화를 일으킬 수 있다.[1] 예를 들어 넓적꼬리벌새(Selasphorus platycercus)와 이들의 주식인 꽃꿀을 제공하는 식물의 생물계절학적 시기에 변화가 생긴다. 넓적꼬리벌새는 여름이면 부화를 위해 중앙아메리카에서 북부의 더 높은 산지로 이동한다. 연구 결과에 따르면 전 세계 기온이 점점 높아지면서 넓적꼬리벌새는 부화 장소를 최북단으로 옮겼고 1975~2011년 10년 동안 평균 1.5일 정도 부화시기가 빨라졌다. 같은 시기에 넓적꼬리벌새에게 꽃꿀을 제공하는 두 식물들의 개화 시기는 10년 동안 평균 2.8일 정도 앞당겨졌다. 거의 2배나 더 빨라진 것이다. 그 결과 넓적꼬리벌새가 나타나는 시기와 이들의 영양 공급원인 꽃이 개화하는 시기의 차이가 줄어들었다. 그리고 넓적꼬리벌새가 둥지를 짓고 새끼들을 키울 수 있는 시간이 더 줄어들었다. 부화 시기와 개화 시기가 계속 앞당겨지면서 넓적꼬리벌새들이 번식에 성공할 기회도 줄어든 셈이다.[2]

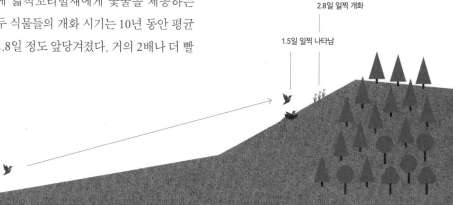

2.8일 일찍 개화

1.5일 일찍 나타남

생태계
북극곰

북극곰은 아마 북극에 살고 있는
동물 중 가장 유명할 것이다. 그런데
북극곰도 기후변화의 영향을 받고 있다.
현재 북극과의 경계 지역에
서식하는 북극곰의 수는
약 2만 5,000마리다.[1, 2]

해빙은 북극곰들이 기각류[*]를 사냥하는 장소다. 여름철 북극에서 녹는 해빙의 양이 점점 늘면서 북극곰들의 사냥 시간도 점점 짧아지고 있다. 식량을 구할 통로가 줄어들면 새끼를 낳아 잘 기를 기회도 줄어든다. 최악의 경우 성숙한 북극곰들도 생존 위협을 받는다.[3, 4] 특히 북극곰의 최남단 서식지라고 할 수 있는 캐나다의 육지에서 장과류[**]와 조류의 알을 먹는 북극곰들이 반복적으로 관찰된다. 북극곰들의 대체식량 확보는 육지의 식량 공급 상황에 좌우되는데, 북극곰의 식량 수요를 감당할 만큼 상황이 여의치 않다는 것이 문제다.[4, 5]

북극곰 개체수의 변화는 지구온난화와 이로 인해 녹고 있는 해빙 면적 등을 정확히 예측할 때에나 추정 가능할 것이다. 따라서 북극곰 개체수가 어느 기간 동안 어느 정도 반응을 보일지 확실한 예측이 어렵다.[4] 어쨌든 해빙이 감소하면 북극곰 개체수도 감소하리란 사실만은 확실하다.[4, 6, 7, 8]

[*] 물개, 바다표범, 바다코끼리 등이 속한 해양 포유류.

[**] 과육과 액즙이 많고 속에 씨가 들어 있는 과실류.

출처: IUCN/Polar Bear Specialist Group(2017)

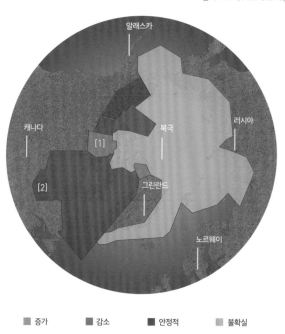

증가   감소   안정적   불확실

간단하게 나타낸 북극곰 개체수 현황. 이 지도는 장기적 트렌드를 반영하지 않은 스냅숏이다. 따라서 캐나다 북부 지역 [1]의 북극곰 개체수 증가현상은 매우 조심스럽게 해석해야 한다. 이는 북극곰 사냥 제한 조치와 관련이 있을 가능성이 높고,[9] 캐나다 최남단 지역 서식공간[2]의 북극곰 개체수 현황은 '안정적'으로 평가되지만 북극곰의 신체적 상태가 점점 나빠지고 있기 때문이다.[10]

생태계
산호

열대 산호초는 인간에게 소중한 존재다. 산호초에 서식하는 다양한 어류는 인간에게 유용한 식량원이 된다. 또한 산호초는 해안을 (물과 바람에 쓸리고 뜯기는) 침식에서 보호하며 귀한 관광자원으로 사용되는 등 쓰임새가 다양하다.[1,2,3] 산호초의 아름다운 빛깔은 조류(藻類)*와 관련이 있다. 조류는 산호에 서식하면서 영양물질을 제공한다.[4]

인간이 초래한 해양의 온난화, 산성화(72페이지 참조), 오염은 산호에 점점 더 많은 스트레스를 주고 있다.[5,6] 스트레스 수준이 너무 높으면 산호가 조류를 밀어내고 백색 해골만 남는다(산호 백화).[4] 이 현상은 산호를 죽음으로 몰아갈 수 있다. 이로 인해 산호가 충분한 영양분을 공급받지 못하기 때문이다. 2016년 지구온난화로 오스트레일리아 그레이트배리어리프(Great Barrier Reef)의 산호초 중 93%에서 산호 백화현상이 나타난 적이 있고, 2016년 2~10월 태평양 천해에서 산호의 절반 이상이 폐사한 적도 있다.[7]

* 원생생물계에 속하는 진핵생물군으로 대부분 광합성 색소를 가지고 독립영양 생활을 한다.

남태평양 미국령 사모아에서 백화현상이 일어난 산호초의 모습(오른쪽)

7장

인간

현재 기후변화는 전 세계 75억 인구의 삶에 직간접적 영향을 끼치고 있다.[1] 하지만 지구온난화현상이 모든 지역에서 동일한 양상으로 나타나는 것은 아니기 때문에 지역마다 인간과 인간이 공존하는 삶에 다양한 형태로 영향을 준다. 어쨌든 지구온난화가 기후변화에 부정적 영향을 끼친다는 것만은 확실한 사실이다.[2]

인간
기후변화와 건강

기후변화는 여러 가지 측면에서 인간의 건강에 영향을 끼친다. 폭염현상과 폭염으로 인한 스트레스[1]는 심장, 순환계, 기도 질환을 악화시키고 사망률을 증가시킬 수 있다.[2,3,4] 기온 상승은 지표면 근처에 오존층을 형성해,[5] 폐기능 약화 등 건강에 부정적 영향을 끼칠 수 있다.[6,7] 홍수나 폭풍 같은 기상이변이 자주 발생할수록 최악의 경우 사망에 이르기도 하며,[8] 사망하지 않더라도 각종 사상자가 발생하는 등 인간의 건강을 해칠 요인도 많아진다. 한편 폭우와 홍수는 물을 오염시켜 수인성 감염병의 발병률을 증가시킬 수 있다.[9]

독일에서 기후변화로 인해 나타난 또 다른 현상은 꽃가루가 날리는 기간이 길어졌다는 것이다. 그만큼 천식이나 알레르기비염 같은 기도 질환 증상 또한 심해질 수 있다.[9] 이러한 조건들이 정착되면서 돼지풀 알레르기를 유발하는 새로운 식물을 확산시킬 수 있다.[8,10]

영양실조로 인한
사망자
22만 5,000명

설사병으로 인한
사망자
8만 5,000명

더위와 추위로 인한
사망자
3만 5,000명

뇌수막염으로 인한
사망자
3만 명

전염병으로 인한
사망자
2만 명

홍수와 산사태로 인한
사망자
2,750명

폭풍으로 인한
사망자
2,500명

기후변화로 인한 추가적 사망 사례는 예측하기 어렵고, 각 사망
사례와 기후변화의 직접적 상관관계가 성립하지 않기 때문에 이
수치는 매우 조심스럽게 해석해야 한다.

2010년 기후변화로 인한 추가 사망자

출처: Fundación DARA Internacional. *Climate Vulnerability Monitor 2nd Edition. A Guide to the Cold Calculus of a Hot Planet* (2012)

인간

건강에 끼치는 영향

기후변화는 정신 건강에 부정적 영향을 끼칠 수 있다. 이를테면 이상기후현상으로 인한 정신적 외상은 외상후스트레스장애(post-traumatic stress disorder)[*]를 유발하고,[1] 기후변화로 인한 염려와 불확실성은 불안증과 우울증으로 이어질 수 있다.[2] 실제로 그 영향은 개인의 생활환경과 기후변화의 직간접적 연관성에 따라 달라진다.[3] 기후변화가 계속되고 기후변화의 영향권에 있는 영역이 늘어날수록 인간의 정신 건강은 부정적 영향을 받는다.[4]

기후변화가 건강에 끼치는 영향은 지역과 발전 상태에 따라 아주 다양하게 나타날 수 있다. 농업과 산업 과정에서 발생하는 다양한 오염 물질은 토양뿐만 아니라 강, 지하수, 바다를 오염시켜 광범위한 피해를 준다. 이외에도 고온현상은 조류와 시아노박테리아(남조류)의 대량 확산에 일조함으로써 폭넓은 영역에서 조류 대증식을 장기화할 수 있다.[5] 예를 들어 시아노박테리아 같은 몇몇 조류는 독성물질을 생산할 수 있는데, 이러한 종에 속한 조류가 먹이사슬을 통해 혹은 인간이 섭취하는 바닷물을 통해 흘러들어 인체에 독성물질이 유입될 경우 질병을 유발하고 심하면 사망에 이를 수 있다.[6]

고온현상은 식품에서 박테리아 유발인자의 번식을 촉진할 수 있다. 예를 들어 온도가 높은 곳일수록 살모넬라중독 사례가 더 많이 발생한다.[7]

바닷물이 따뜻할수록 콜레라균처럼 인간에게 해로운 박테리아의 농도도 증가한다. 발트해 해수욕장 방문객의 콜레라균 감염이 증가하는 현상을 통해 이를 설명할 수 있다.[8, 9, 10]

→

기후변화는 인간의 건강에 다양한 영향을 끼친다는 점에서 21세기에 가장 인간의 건강을 위협하는 요인으로 간주할 수 있다.[11]

[*] 생명을 위협할 정도로 극심한 스트레스를 경험한 후에 발생하는 심리적 반응.

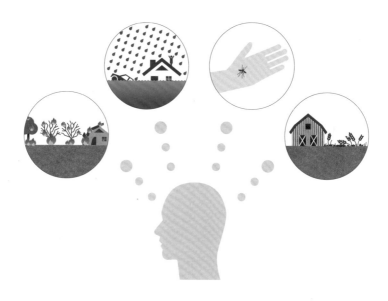

기후변화가 정신 건강에 끼치는 영향

인간
매개 감염병

감염된 동물 혹은 인간의
병원체를 다른 동물이나 인간에게
전염시킬 수 있는 생물체를
매개생물이라고 한다.
대표적인 예로 진드기와
모기[1]가 있다.

기후변화는 매개생물을 통해 병원체가 확산되는
환경에 변화를 일으킨다.[2,3] 흰줄숲모기(Aedes
albopictus)는 지난 수십 년 동안 세계화와 기후변
화로 인해 이미 남부 유럽 일부 지역에 확산되었
다.[4,5] 북부 유럽 역시 기후변화의 영향을 받아 흰
줄숲모기가 정착하기 좋은 환경이 되었다.[5,6] 문
제는 흰줄숲모기가 뎅기 바이러스(dengue virus)와
치군군야 바이러스(chikungunya virus) 같은 병원체
를 전염시킬 수 있다는 것이다.[5]

병원체에 감염된 모기가 바이러스를 감염시키려
면 일정 시간 동안 고온이 유지되어야 한다. 이런
조건이 갖춰져야 바이러스가 모기의 체내에서
번식할 수 있고 모기에 물린 인간이 바이러스에
감염될 수 있기 때문이다.[7] 기온이 상승하면 흰줄
숲모기가 확산되는 데 유리하고, 이 조건에서 바
이러스의 번식 시간도 짧아진다. 세계화와 그 여
파로 해외제품 수입과 바이러스 감염자 귀국 등
의 경로를 통해 흰줄숲모기 유입 가능성이 높아
지면서 질병 감염 위험성 또한 높아진다.[2,8]

유럽에 확산되는 흰줄숲모기

2000

2017

■ 완전히 정착

■ 개체군이 관찰되었으나 아직까지 한 해를
넘기지 않았음

인간
도시

도시는 기후변화의 영향이 없어도 건물이 없는 주변 지역보다 대기 및 표면 온도가 더 높다. 불투수면[*]과 밀집된 건물로 인해 도시는 낮 시간 동안 과도한 양의 태양에너지를 흡수하고 이 에너지를 건축물에 저장한다.[1,2,3] 예를 들어 건물 난방이나 냉방으로 인해 발생하는 폐열은 온난화현상을 촉진하고 열 배출을 감소시키는 가스와 입자를 방출한다('연무'). 또한 밀집된 건물은 기온 상승을 둔화시키는 역할을 하는 주변 지역과의 공기 순환을 가로막는다.[4] 게다가 녹지 면적이 부족하여 그늘과 수분 발산을 통한 냉각 효과도 떨어진다.[2,5] 이런 것들이 도시의 기온 상승에 영향을 미치는 요소들이다. 공기 순환이 잘되지 않는 곳은 건물이 없는 주변 지역보다 기온이 최대 10℃까지 상승할 수 있다.[6] 이러한 온난

기온

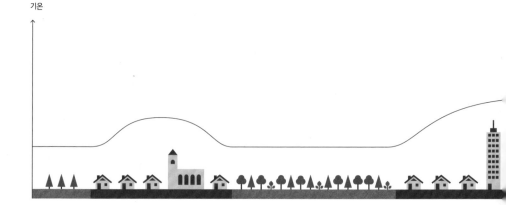

화 효과를 열섬현상이라고 하며, 특히 열섬현상은 낮에 건물이 저장한 에너지를 다시 외부에 방출시키면서[1] 밤마다 일어난다.[1,6] 밤이 더워지면 사람들은 숙면을 취할 수 없어서 완전히 풀지 못한 피로가 쌓인다.[7,8] 고온현상이 발생하면 냉방시설 가동 등으로 인해 전력 소비량도 증가한다.[9]

→
기후변화의 결과로 나타난 고온현상 가운데 하나인 열섬현상은 주로 도시에서 발생하며 건강에 피해(108페이지 참조)를 줄 수 있다.[2,6]

* 빗물 등의 강수가 토양 속으로 침투할 수 없는 포장 지역을 말한다. 일반적으로 도시화 과정에서 나타나는 도로, 인도, 주차장, 건물 지붕 등의 형태를 말하며, 생태계를 악화시키는 요인이 된다.

공원과 녹지 조성을 통해
열섬현상 감소시키기

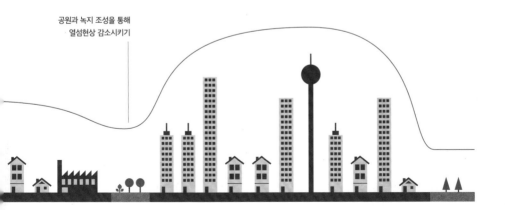

인간

농업

지구온난화로 인한 기온 증가, 대기 중 이산화탄소 농도 증가, 물 순환 변화에 따른 강수 패턴 변화를 비롯해 다양한 기상 변화 요인은 식물 성장에도 영향을 준다.[1] 기온이 상승하여 최적의 성장 온도에 도달할 때까지는 재배작물의 수확량이 증가할 수 있다. 하지만 최적온도를 초과하면 그때부터 수확량이 떨어진다. 옥수수와 콩처럼 기온이 30℃ 이상인 날이 며칠만 지속되어도 농사에 피해가 발생하는 작물도 있다.[2] 특히 가뭄과 폭염, 폭우[3] 같은 기상이변은 수확량을 감소시키는 요인이다. 2000~2007년

가뭄과 폭염으로 인한 수확량 손실은 전 세계 곡물 생산량의 6.2%에 달했다.[4]

대기 중 이산화탄소 농도가 증가할 경우 많은 식물들에서 일시적으로 광합성량이 증가하고 잎을 통한 수분 발산량이 감소한다. 그 결과 수분과 영양분이 충분히 공급되어 식물 성장이 촉진된다. 이른바 이산화탄소 비료효과가 나타나는 것이다.[5,6] 세계 곳곳에서는 기온과 강수현상의 변화가 발생하면서 농작물 수확량이 감소하고 있다. 이산화탄소 비료효과가 어느 정도 이를 보완

수확량 소폭 증가

할 것인지는 학자들마다 의견이 분분하다.[7,8] 또한 식물 성장이 증가한 상태에서 대기 중 이산화탄소 농도가 증가하면 식물의 영양분 농도를 떨어뜨릴 수 있다.[9,10]

북부 유럽 등 고위도 지역에서는 오히려 기후변화의 혜택을 누릴 수 있다. 평균기온 상승으로 작물 재배기간이 길어지고 서리가 내리는 횟수가 감소하여 수확량이 증가하기 때문이다.[11,12] 반면 열대와 아열대지방에서는 기후변화가 수확량에 부정적 영향을 끼친다.[13]

→
지구온난화로 전 세계 평균기온은 (산업화 이전과 비교하여) 1~2°C가량 상승했다. 지역과 품종에 따른 차이는 있지만 아직까지 수확량은 적당한 수준으로 소폭 감소했다. 하지만 이 추세가 계속 이어진다면 수확량이 급감할 것으로 예상된다.[7,14,15]

— 최적의 성장 온도

수확량 급감

인간
기후난민

특히 폭풍과 홍수 같은 기상이변으로 2008~2016년 매년 평균 2,170만 명이 고향을 떠났다. 2016년 기후난민 수는 전쟁과 폭력으로 인한 이주민 수의 3배를 넘어섰다.[1] 하지만 기상현상으로 해외로 이주하는 사례도 발생하고 있다.[2] 이주민은 대개 기후변화의 영향을 실감할 수 있는 저개발 지역 국민들이다. 일반적으로 이들은 자신이 처한 환경에 적응하며 살 만한 경제력을 갖추지 못했으며, 국가에서도 단기적 대응조치만을 내놓는 경우가 태반이다. 이러한 기후난민은 대부분의 경우 기후변화를 일으키는 일과는 상관없는 사람들이지만, 기후변화로 인해 피해자들이 되었다.[3,4] 경제적 조건이나 다른 사유로 이주를 거부당할 경우 문제가 심각해진다.[5]

이주 사유

생태학적
- 기상이변
- 생태계 서비스

정치적
- 차별
- 박해

사회적
- 교육
- 가정

인구통계학적
- 인구밀도 및 인구구조

경제적
- 일자리
- 급여

기후변화는 이주에 직간접으로 영향을 줄 수 있다

이주를 결심하게 되는 이유에는 여러 가지가 있다. 따라서 최근의 이주 행렬을 기후와 관련된 변화 탓으로만 돌리기는 어렵다.[3,6] 한 번 폭풍이 몰아쳤다고 해서 기후변화 탓으로 돌릴 수 없는 것과 마찬가지다.[7] 하지만 기후변화로 인한 기상이변이 자주 발생하고 그 강도가 높아지면 피해자가 증가할 수밖에 없다. 대응조치가 미비할 경우 더 많은 사람이 이주할 수밖에 없는 상황에 내몰릴 것이다.[8] 기후변화의 피해자들이 어디로 이주하고 이떤 보호를 받을 수 있을지 아직 확실한 해결책을 찾지 못한 상태다.[9]

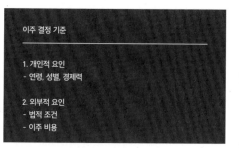

이주 결정 기준

1. 개인적 요인
- 연령, 성별, 경제력

2. 외부적 요인
- 법적 조건
- 이주 비용

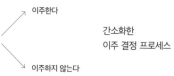

이주한다

간소화한
이주 결정 프로세스

이주하지 않는다

출처: The Government Office for Science.
Foresight : Migration and Global Environmental Change.
Final Project Report (2011), London

인간
관광

2009~2013년 전 세계 온실가스 배출량 8%가 관광 부문, 특히 항공 여행으로 인해 발생했다. 관광 부문은 기후변화를 일으킨 원인이면서 기후변화로 피해를 입은 분야이기도 하다.[1] 앞으로 지중해의 여름은 관광객들이 휴식하기엔 너무 더울 것이다.[2] 하지만 이 지역에는 봄과 여름도 있다.[3] 반면 극지방과 고위도 지방은 기온이 상승하면서 여행 시즌이 길어지고 더운 여름 날씨를 피할 수 있는 피서지 역할을 톡톡히 할 것이다.[2,4]

겨울 관광산업도 기후변화의 직격탄을 맞아 어려움을 겪고 있다. 기온 상승으로 동계 스포츠 지역의 눈이 점점 부족해지는 탓이다.[5,6,7] 게다가 많은 겨울 휴양지에서는 눈이 부족해서 겨울 분위기가 사라지고 있다.[8,9,10]

북극 크루즈 여행 증가

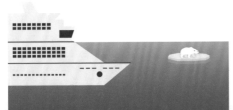

스키장 적설량 감소

기후변화가 전 세계적으로 성행하는 관광산업 붐을 막을 수는 없지만, 현재 관광객의 흐름은 바꿔놓을 것이다.[11] 관광업계가 변화하는 상황에 맞춰나가고 있으며, 인구 증가와 생활수준의 전반적 향상으로 전 세계 관광객 수가 증가하고 있기 때문이다.[12,13] 온난화현상은 휴가 스타일과 장소에 따라 관광업계에 득이 될 수도, 실이 될 수도 있다.[12]

하지만 온난화현상이 심해지면 관광 업계는 심각한 타격을 입을 것이다.[14] 이럴 경우 해안 보호[15]나 인공 눈 제조 같은 대응조치를 취해봤자 관광 수익률이 떨어지고 별다른 효과가 없을 터이기 때문이다.[5]

자연관광지 파괴

가라앉는 섬 휴양지

인간
비용

기후변화는 세 가지 유형의 비용을 발생시킨다. 첫째, 기상이변현상으로 인한 부동산이나 인프라가 입은 직접적 피해에 대한 손실 비용이 발생한다. 둘째, 기후변화에 대한 대응 방안, 이를테면 홍수에 대비한 제방이나 인공 저수지 건설 등에 대한 비용이 발생한다.[1] 셋째, 지구온난화를 제한하기 위한 조치, 이를테면 화석연료에서 재생연료로 갈아타기 위한 저감 비용 등이 발생한다.[2,3]

이러한 경제적 비용은 정확한 산출이 어렵다. 이러한 비용이 명확하게 떨어지는 것도 아니고 대략적으로 파악할 수밖에 없는 상황이기 때문이다.[4] 산출 비용은 주어진 상황에 좌우된다.[5] 예를 들어 얼어붙어 가는 영구동토에 대응조치를 취할 때 어느 정도 비용이 발생할지 정확하게 계산하기는 어렵다.[6] 따라서 오른쪽 그래프는 매우 조심스럽게 해석해야 한다. 불확실한 부분이 많기 때문에 순

전 세계 국내총생산(GDP)에서 기후변화로 인한
연간 손실액이 차지하는 비중(단위: %)

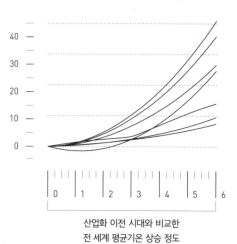

산업화 이전 시대와 비교한
전 세계 평균기온 상승 정도
(단위: ℃)

수한 경제적 관점에서 기후변화에 어느 정도 조치를 취해야 할지 알 수가 없다. 지구온난화의 한계를 1.5℃로 제한할 경우 대응조치를 위한 막대한 투자 비용이 발생한다. 반면 지구온난화의 한계를 3.5℃로 제한할 경우 투자 비용은 훨씬 적은 대신,[7] 손실 비용이 훨씬 더 많아질 것이다.[5] 물론 지구온난화현상을 방치할 때보다 지구온난화 억제조치를 취할 때 발생하는 비용이 훨씬 적을 것이다.[2,8] 지구온난화현상이 심각해질수록 돌이킬 수 없는 손실이 발생할 가능성이 크다는 점을 항상 염두에 두어야 한다.[9]

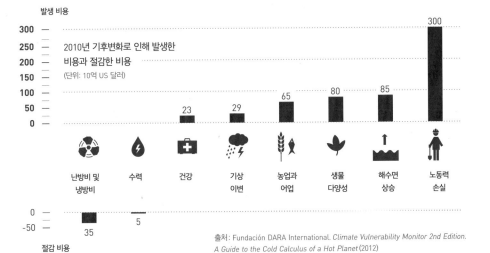

출처: Fundación DARA International. *Climate Vulnerability Monitor 2nd Edition. A Guide to the Cold Calculus of a Hot Planet* (2012)

전망:
결론

기후변화는 공상과학 시나리오가 아니다. 기후변화에는 얼음이 녹고 해수면이 상승하는 현상 이상의 의미가 담겨 있다. 지구온난화의 원인과 결과를 100페이지 정도로 간략하게 정리한 이 책은 현재 많은 사람들과 그 생활환경이 기후변화에 위협받고 있다는 사실을 알려준다. 현재 관찰되는 기온상승현상은 산업화 초기부터 인간이 배출한 온실가스와 관련이 있다는 사실이 뚜렷하게 밝혀졌다. 달리 생각하면 이는 우리에게 좋은 소식이다. 우리도 기후변화에 영향을 끼칠 수 있고 기후변화를 그저 무기력한 태도로 대하고 있지 않다는 뜻이기 때문이다!

기후모델 시뮬레이션 결과에 따르면, 우리는 온실가스 배출량을 감소시킴으로써 기후변화를 어느 정도 막을 수 있다.[1] 하지만 1995년 베를린에서 처음 UN 기후회의를 개최한 후 전 세계 온실가스 배출량은 50% 증가했고 지금도 같은 수준이 유지되고 있다.[2] 현재 수준으로 온실가스가 배출된다면 21세기 말 지구의 평균기온은 최대 5℃ 상승할 것이다.[2] 이제 우리가 책임 의식을 가져야 할 때다. 미래의 기후가 어떻게 될지, 지구온난화 현상이 어느 정도로 심해질지에 대한 모든 것은 우리 손에 달려 있다.

오른쪽 그래프:
온실가스 배출량을 기준으로 산출한 2100년까지의 전 세계 평균기온의 변동 추이

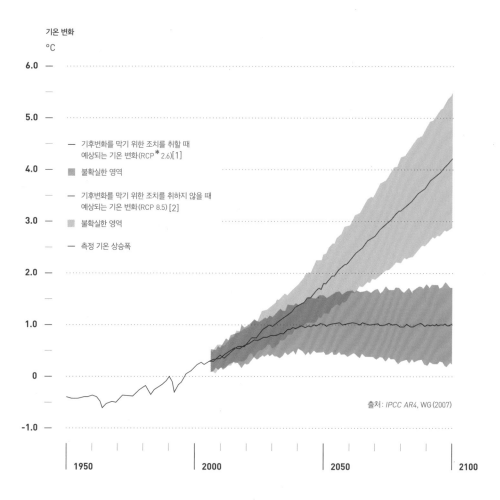

기온 변화
°C

6.0 —

5.0 —

기후변화를 막기 위한 조치를 취할 때
예상되는 기온 변화(RCP* 2.6)[1]

4.0 — 불확실한 영역

기후변화를 막기 위한 조치를 취하지 않을 때
예상되는 기온 변화(RCP 8.5)[2]

3.0 — 불확실한 영역

측정 기온 상승폭

2.0 —

1.0 —

0 —

출처: IPCC AR4, WG(2007)

-1.0 —

1950   2000   2050   2100

* 대표농도경로(RCP: Representative Concentration Pathway):
현 추세로 온실가스가 배출되는 경우 온실가스 농도에 따라 예상되는 기후변화 시나리오를 뜻한다.

전망:

이제부터는?

우리는 지구온난화가 최소 수준으로 유지되도록 노력해야 한다. 지구의 평균 기온이 상승하면 장기적으로 그 대가를 치러야 하는 것은 결국 우리와 우리의 환경이기 때문이다. 이 목표에 도달하려면 온실가스 배출원이 무엇인지에 대해 진지하게 질문을 던져보아야 한다. 이제 우리는 환경과 지속가능성을 생각하지 않는 인간의 행위만이 온실가스 배출원이 아니란 사실을 알고 있다. 온실가스 배출량을 제한하는 것은 우리의 결단에 달려 있다. 온실가스 배출에 대한

책임은 자동차에만 있는 것이 아니라, 대중교통이나 자전거를 이용하는 대신 내 차를 타고 다니겠다고 결정한 우리에게 있다. 정치적 제반 조건, 지속가능한 경제, 국제 협력만큼 중요한 것이 개개인의 노력이다. 우리 모두는 스스로 고민하고 우리 사회에 지속가능한 생활 방식을 정착시키기 위해 스스로 결정해야 한다. 지속가능성, 기후, 환경보호는 정치적 논의의 대상으로 끝날 문제가 아니라 일상생활과 일터에서도 실천해야 할 것들이다. 물론 반대하는 이들도 있지

재생에너지

환경친화적 교통수단
이용하기

H_2O

만 이런 움직임을 지지하고 참여하는 사람들이 점점 늘어나고 있다. 한 가지 확실한 사실이 있다. 누구도 혼자만의 힘으로 지구를 구할 수 없다는 것이다. 우리 모두 환경과 기후 위기에 대처하는 일에 동참한다면, 사회적 차원에서 모든 가능성을 위해 노력한다면, 이 모든 노력이 결실을 맺을 날이 올 것이다.

소비 행위

- 육류 적게 먹기
- 환경친화적으로 소비하기
- 제품을 오래 사용하고 수리하기
- 국산제품과 식료품 구매하기
- 자원 함께 사용하기
- 이산화탄소 배출량을
  줄이고 보충하기

정치 및 사회

- 신기술 장려 및 온실가스
  배출량 감축을 위한
  방안 연구
- 환경오염 행위에
  반대하는 시위에
  참여하기
- 선거권 행사하기
- 단체 및 정당에 가입하거나
  활동하기

에너지 효율

- 건물 단열
- 에너지 절약형 램프
  사용(LED)
- 전자제품 스위치 빼놓기
- 에너지 절약형 가전제품
  구매하기

신기술

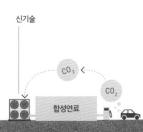

합성연료

도움을 주신 분들께

이 책을 진행하는 동안 우리 때문에
흰머리가 부쩍 늘어난 부모님께 이 자리를 빌려
죄송하다는 말씀을 드리고 싶습니다.
우리를 끝까지 지지해주신 부모님과 가족 모두에게
감사의 뜻을 전합니다.

또한, 이 책이 나오기까지
우리와 수많은 흥미로운 대화를 나누고
텍스트에 대한 다양한 의견과 조언을 주신
모든 학자 여러분께 진심으로
감사의 인사를 올립니다.

감사의 말

Prof. Dr. Bruno Abegg | Prof. Dr. Kenneth B. Armitage | Dr. Todd Atwood | Prof. Dr. Herrmann Bange | Dr. Christian Barthlott | Dr. Andreas Bauder | Prof. Dr. Jürgen Baumüller | Prof. Dr. Car | Beierkuhnlein | Prof. Dr. Gerhard Berz | Dr. Tobias Binder | Dr. Boris K. Biskaborn | Prof. Dr. Daniel T. Blumstein | Prof. Dr. Reinhard Böcker | Dr. Ben-jamin Leon Bodirsky | Frank Böttcher | Prof. Dr. Peter Brandt | Dr. Susanne Breitner | Julia Brugger | Prof. Dr. Nina Buchmann | Dr. Michael Buchwitz | Dr. Paul CaraDonna | Prof. Dr. Martin Dameris | Dr. Annika Drews | Markus Dyck | Prof. Dr. Olaf Eisen | Dr. Georg Feulner | Prof. Dr. Andreas H. Fink | Dr. Mark Fleischhauer | Dr. Achim Friker | Prof. Dr. Martin Funk | Dr. Pia Gottschalk | Prof. Dr. Henny Annette Grewe | Prof. Dr. Christian Haas | Prof. Dr. Wilfried Hagg | Dr. Judith Hauck | Majana Heidenreich | Prof. Dr. Martin Heimann | Dr. Peter Hoffmann | Prof. Dr. Corinna Hoose | Dr. Mario Hoppema | Prof. Dr. Hans-Wolfgang Hubberten | Dr. Amy Iller|Prof. Dr. Kai Jensen | Prof. Dr. Anke Jentsch | Prof. Dr. Konrad Kandler | Dr. Johannes Karstensen | Dr. Stefan Kinne | Prof. Dr. Gernot Klepper | Dr. Stefan Klotz | Prof. Dr. Peter Knippertz | Dr. Annette Kock | Dr. Peter Köhler | Dr. Martina Krämer | Prof. Dr. Lenelis Kruse-Graumann | Prof. Dr. Michael Kunz | Prof. Dr. Wilhelm Kuttler | Dr. Thomas Laepple | Dr. Peter Landschützer | Prof. Dr. Hugues Lantuit | Dr. Josefine Lenz | Prof. Dr. Ingeborg Levin | Dr. Christian Lininger | Prof. Dr. Karin Lochte | Prof. Dr. Gerrit Lohmann | Prof. Dr. Hermann Lotze-Campen | Dr. Remigus Manderscheid | Prof. Dr. Ben Marzeion | Prof. Dr. Katja Matthes | Prof. Dr. Egbert Matzner | Prof. Dr. Marius Mayer | Dr. Hanno Meyer | Prof. Dr. Peter Molnar | Dr. Anne Morgenstern | Prof. Dr. Dr. h. c. Volker Mosbrugger | Dr. Ulrike Nie-meier | Dr. Hans Oerter | Prof. Dr. Dirk Olbers | Dr. Marilena Oltmanns | Dr. Daniel Osberghaus | Prof. Dr. Arpat Ozgul | Prof. Dr. Anthony Patt | Dr. André Paul | Prof. Dr. Roland Psenner | Prof. Dr. Johannes Quaas | Dr. Volker Rachold | Prof. Dr. Stefan Rahmstorf | Dr. Maximilian Reuter | Prof. Dr. Mathias Rotach | Dr. Heli Routti | Dr. Ingo Sasgen | Bernhard Schauberger | Lukas Schefczyk | Prof. Dr. Jürgen Scheffran | Dr. Hauke Schmidt | Prof. Dr. Imke Schmitt | Prof. Dr. Jürgen Schmude | Dr. Alexandra Schneider | Prof. Dr. Christian-Dietrich Schönwiese | Prof. Dr. Josef Settele | Prof. Dr. Ruben Sommaruga | Prof. Dr. Christian Sonne | Dr. Sebastian Sonntag | Dr. Robert Steiger | Dr. Christian Stepanek | Dr. Sebastian Strunz | Kira Vinke | Prof. Dr. Martin Vis-beck | Dr. Peter von der Gathen | Dr. Mathis Wackernagel | Dr. Frank Wagner | Prof. Dr. Heinz Wanner | Prof. Dr. Hans-Joachim Weigel | Dr. Rolf Weller | Dr. Martin Werner | Prof. Dr. Georg Wohlfahrt | Prof. Dr. Harald Zeiss

옮긴이
강영옥

덕성여자대학교 독어독문과를 졸업하고
한국외국어대학교 통역번역대학원 한독과에서 공부했다.
여러 기관에서 통번역 활동을 했으며 수학 강사로 학생들을 가르치기도 했다.
현재 번역 에이전시 엔터스코리아에서 출판기획자 및 전문번역가로 활동 중이다.
옮긴 책으로《인플레이션》,《고양이 언어학》,《바이러스》,
《호모 에렉투스의 유전자 여행》,《인간과 자연의 비밀 연대》 등이 있다.